适合1～6岁宝宝

馋！让宝宝流口水的趣味营养餐

席正园 编著

U0323322

近200种宝宝餐

童话式的餐点便当
勾起宝宝对食物的兴趣

最有爱的妈妈
靠最神奇的料理，
征服孩子的食欲！

吉林科学技术出版社

图书在版编目（CIP）数据

馋！让宝宝流口水的趣味营养餐 / 席正园编著. --
长春 : 吉林科学技术出版社，2015.5
ISBN 978-7-5384-9017-6

Ⅰ. ① 馋… Ⅱ. ①席… Ⅲ. ①婴幼儿－保健－食谱
Ⅳ. ① TS972.162

中国版本图书馆 CIP 数据核字 (2015) 第 063656 号

让宝宝流口水的趣味营养餐

编　　著　席正园
编　　委　席鸣康　梁政杰　蒋幼幼
出 版 人　李　梁
策划责任编辑　孟　波　端金香
执行责任编辑　赵　沫
封面设计　长春市创意广告图文制作有限责任公司
制　　版　长春市创意广告图文制作有限责任公司
开　　本　889mm×1194mm　1/20
字　　数　180千字
印　　张　10
印　　数　1—7000册
版　　次　2015年7月第1版
印　　次　2015年7月第1次印刷

出　　版　吉林科学技术出版社
发　　行　吉林科学技术出版社
地　　址　长春市人民大街4646号
邮　　编　130021
发行部电话/传真　0431-85635177　85651759　85651628
85677817　85600611　85670016
储运部电话　0431-86059116
编辑部电话　0431-85659498
网　　址　www.jlstp.net
印　　刷　吉林省创美堂印刷有限公司

书　　号　ISBN 978-7-5384-9017-6
定　　价　39.90元

如有印装质量问题　可寄出版社调换
版权所有　翻印必究　举报电话：0431-85659498

前言

来自妈妈的诱人料理
美味的食物+灵感和创意
从此，
吃饭将成为孩子与快乐约会的幸福时光

本书由席正园编著，是专为1～6岁宝宝的饮食设计、编写的一本读物，宝宝健康成长是每个家长的心愿，良好的营养状况是儿童正常生长发育的基本保证，合理搭配食物，经常变换食物的花色品种，注意色、香、味、形丰富多样，让宝宝的眼睛先爱上它。清晰明了的操作说明+精美的配图，让您10分钟做出一道趣味童餐！别具匠心的造型+丰富营养的搭配，让您的宝宝爱上吃饭！

目录

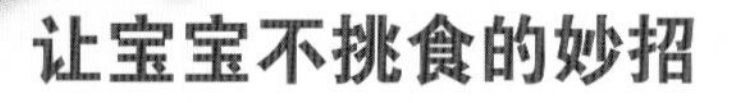

让宝宝不挑食的妙招

第2章

5~8个月　从米粉、菜水、果汁开始添加

第3章

9个月～1岁　可以添加鱼、肉及更多食物了

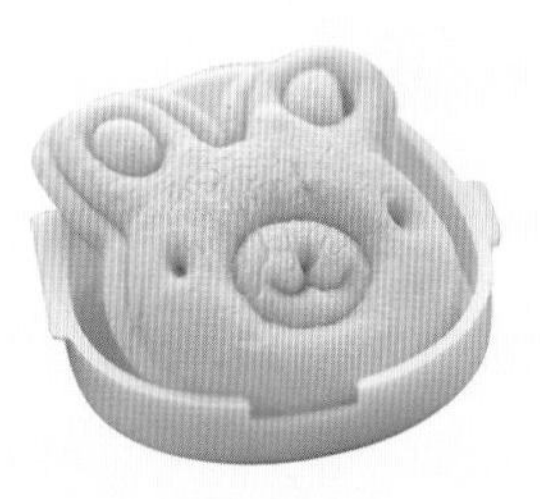

第4章

1~1.5岁　让宝宝试吃大人的饭

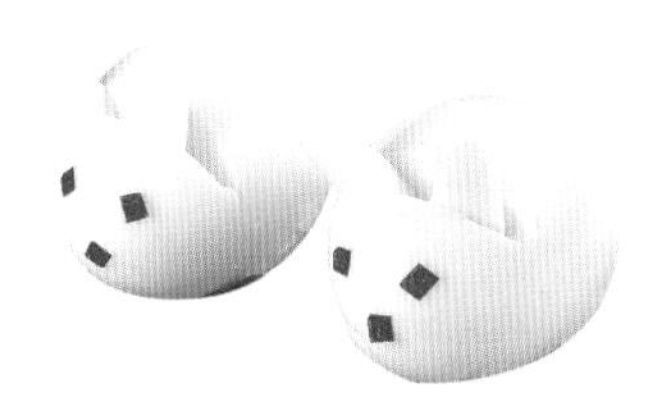

第5章

1.5～2岁　让宝宝充分练习咀嚼

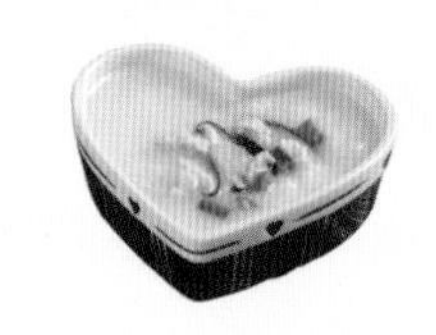

第6章

2~6岁　快乐进餐，满足宝宝的大胃口

附录

第1章

让宝宝不挑食的妙招

宝宝食物选择的基本原则

如何选择适合宝宝食用的食物，是许多妈妈非常关注的问题。那么，在宝宝食物的选择上，有哪些原则呢？

粮谷类及薯类食物

宝宝11个月后，粮谷类食物逐渐成为主食。谷类食物是碳水化合物和B族维生素的主要来源，同时因食用量大，也是蛋白质及其他营养素的重要来源。在选择这类食物时应以大米、面制品为主，同时加入适量的杂粮和薯类。在食物的加工上，应粗细合理，若加工过精，B族维生素、蛋白质和无机盐损失较大；加工过粗，存在大量的植酸盐及纤维素，会影响钙、铁、锌等营养素的吸收利用。一般以标准米、面为宜。

乳类食物

乳类食物是宝宝优质蛋白、钙、维生素B_2、维生素A等营养素的重要来源。乳类钙含量高，吸收好，可促进宝宝骨骼的健康生长。但乳类的铁、维生素C含量很低，脂肪以饱和脂肪为主，需要注意适量供给。过量的乳类会影响宝宝对谷类和其他食物的摄入，不利于饮食习惯的养成。

鱼、肉、禽、蛋及豆类食物

这类食物不仅为宝宝提供丰富的优质蛋白，还是维生素A、维生素D及B族维生素和大多数微量元素的主要来源。豆类蛋白质含量高，质量也接近肉类，价格低，是动物蛋白的较好替代品，但微量元素低于动物类食物，所以，宝宝还是应进食适量动物性食物。

蔬菜、水果类

这类食物是维生素C、胡萝卜素的主要来源，也是维生素B_2、无机盐（钙、钾、钠、镁等）和膳食纤维的重要来源。在这类食物中，一般深绿色叶菜及深红、黄色果蔬、柑橘类等含维生素C和胡萝卜素较高。蔬菜水果不仅可以提供营养素，而且可促进食欲，预防便秘。

油、糖、盐等调味品及零食

这类食物对于提供必需脂肪酸、调节口感等具有一定的作用，但过多食用对身体有害无益，应少吃。

宝宝健康饮食的原则

宝宝处于不断生长发育的阶段，对营养素的需要量较大，但宝宝的消化功能尚未完全成熟，易发生各种营养紊乱，健康饮食对宝宝的成长十分重要。现在的食物可谓丰富多样，但还没有一种食物能提供全面的营养素，所以各类食物都要吃，不挑食、不贪食，这样才能保证宝宝的健康成长。

1.养成良好的饮食习惯。不挑食、不偏食，保持饮食均衡、多样化。首先成人要给宝宝做出榜样。要记住食物没有好坏之分，每种食物有特定的营养，宝宝的生长发育都需要。

2.要保证食物新鲜、自然、健康，以家庭烹制的饭菜最好，少吃工业化生产的成品食物。

3.创造良好的进餐环境，和成人一起吃。餐桌上不要责备、打骂宝宝，使宝宝快乐进餐。

4.一日三餐都要吃，特别是早餐必须吃。吃饭速度慢一些，要细嚼慢咽，不要狼吞虎咽；吃饭时要专心，不要看电视。

5.多让宝宝和成人一起去超市购买食物，可以观察宝宝对食物的喜好，以便交流，并对宝宝进行健康食物选购和食用方面的教育。

6.吃零食的时间要固定，不能吃个不停，看电视的时候不要吃零食。

7.爸爸妈妈不要拿食物作为对宝宝的奖励或惩罚手段。

8.及时和老师沟通，了解宝宝在幼儿园或学校的进餐情况，做到心中有数，以便及时调整。

9.到餐馆就餐时，不要选择过于油腻和甜的高热量食物，要选择可口的低、中等热量食物，尽量少吃快餐。

10.不要给宝宝吃太多。父母希望宝宝多吃，认为对生长发育有利，吃得多长得多，毫无节制，无规律地放任宝宝吃，殊不知，高糖、高脂肪食物的过多摄入，将会影响宝宝的智力发育，导致记忆力下降。

宝宝不挑食要从辅食添加开始

很多父母都会遇到这种情况，不知从什么时候起，原来什么都吃的宝宝开始挑食了，不爱吃绿叶菜，不爱吃胡萝卜，只爱吃肉。遇到爱吃的东西吃很多，不爱吃的一口也不吃。其实，宝宝挑食，一部分原因来自遗传，另外一部分原因是父母惯出来的。

要想宝宝不挑食，要从6个月开始培养好习惯

要想宝宝不挑食，要从培养良好的饮食习惯开始。宝宝良好饮食习惯的培养主要是在添加辅食的阶段，就是5～6个月，从这个时期开始是给他培养一个良好的饮食习惯的关键时刻。可以让他开始尝试不同味道、不同质地的食物，慢慢训练他的消化能力及味觉。添加辅食时，应注意观察宝宝对每种新食物有什么大的反应。如果宝宝转过头，或抓着勺子不放，或者哭起来，不要勉强宝宝，可以再过1~2周再尝试。要让宝宝以快乐的心情接受新事物才是最重要的。妈妈也要放轻松，以“很好吃”、“真乖”来哄宝宝吃下去，营造轻松愉快的氛围。

制作辅食不要留较大颗粒

宝宝刚开始吃辅食，还不习惯吞咽固体，有一点固体食物就无法下咽，不要让宝宝吃任何可能会噎着他的食物。在烹饪时，由于大人的粗心，很容易遗留下一两颗较大固体，宝宝吃到后无法吞咽引起呕吐。大人在制作时一定要细心。或者可以购买专门的婴儿辅食产品，其软烂度妈妈们可以放心。

添加辅食的早晚和挑食有关吗

一般在宝宝5～6个月的时候，就可以开始添加辅食了。宝宝辅食添加过早或过晚都是不合适的。早期，宝宝的吞咽功能和肠道消化功能还没有完全发育好，若这时开始添加辅食，尤其是一些半固体的食物，宝宝的吞咽就会出现问题，且容易对食物产生过敏或不耐受。但是添加得太晚也会造成一定的问题，如果宝宝到了6个月以后，他的营养光靠奶来提供就不够了，需要通过辅食来补充营养，使得他能够获得充足和均衡的营养，帮助他生长发育。辅食添加不仅与以上的营养问题密切相关外，还与宝宝的神经系统、社交能力方面的发育，以及饮食习惯的建立都密不可分，所以如果辅食添加太晚的话，不仅会影响到他的生长发育，还会影响他社交能力的形成以及饮食习惯的建立。

添加辅食有何技巧

基本上依照的原则是食物一样一样地添加，添加两种食物之间，一般间隔3～5天，因为这样可以有足够的时间来观察宝宝的反应，如有没有过敏或不耐受等情况出现。另外，根据宝宝味觉的发育特点，每个宝宝对新食物的接受程度也不太一样，有的可能1～2天就能完全接受新的食物，有的可能需要5～7天才能接受，所以家长要有耐心。每次添加的量不宜过多，如第一天只给宝宝吃小小的一勺，看看他有什么反应，若无明显的反应，可逐日增加。添加的第一种食物一般建议选择较温和的食物，像这种能量比较高的谷类食物是比较适合作为第一种选择的辅食。对于辅食的性状也是有讲究的，宝宝在母乳喂养或人工喂养阶段，都是流质饮食，添加辅食的目标是从流质慢慢过渡到固体，但需要一个适应阶段，一开始要求给予半流质食物。注意遵循一个原则，即从稀到稠。

宝宝不接受新食物该怎么办

可能有的宝宝刚开始不接受某些食物，各位父母不要气馁，因为宝宝可能依照个体不同的发育进展而表现出不同的味觉和吞咽能力。可以过段时间再来尝试，基本上多尝试几次就能成功。

习惯辅食后，可将流质变为糊状

一个月之后，宝宝就能很熟练地吃辅食了，等到一顿能吃10小勺的时候，可以每天喂两顿，并把以水分为主的流质食物转变为减少水分的糊状食物。

再添新食物要一种一种加

每次只尝试一种新食物，才能判别宝宝对哪种食物会过敏（如呕吐、起湿疹甚至腹泻）。

制作辅食时有什么搭配技巧

宝宝一开始吃辅食的时候肯定是一样一样慢慢加，等种类渐渐增多以后，父母就可以尝试一些巧妙的搭配或制作花样。对于年龄较小的宝宝，可以从颜色上下工夫，如米粉可以搭配一些胡萝卜泥、蔬菜泥或肉泥等。对于年龄稍大的宝宝，可以从形状上进行创新，如把食物做成小动物、小花的形状等，以提高宝宝对食物的兴趣，这样，宝宝就很容易摄取各种均衡的营养，而不容易挑食了。

适合宝宝吃的十佳营养食物

面对种类繁多的食物，究竟给宝宝吃哪种更有益健康呢？如何让挑食的宝宝喜欢上这些最有营养的食物呢？试试下面为父母推荐的适合宝宝的十佳营养食物，让你的宝宝爱上它们吧！

最好的主食：全麦食物

全麦食物含有铁、维生素、镁、锌和粗纤维素等多种宝宝所需的营养成分。在西方国家，全麦面粉被称作最棒的主食原料，很多家庭把烤全麦面包作为宝宝的主食，如果在上面抹一些宝宝专用的奶酪，营养就更丰富了。虽然各国的饮食习惯不同，但营养是无国界的。可以把粗粮和面粉混合制作主食（比如发糕），同样能给宝宝带来丰富的营养。

给挑食的宝宝

用巧克力酱和全麦面包做一个可爱的三明治，再摆一个有创意的甲壳虫造型，当他的兴趣被可爱的造型吸引时，就不会在意面包是不是白色的了。

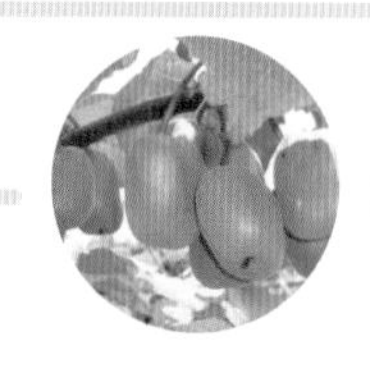

最好的水果：猕猴桃

猕猴桃被称为营养的金矿，它含有丰富的维生素C，堪称水果中的“VC之王”。此外，它还含有较丰富的蛋白质、糖、脂肪和钙、磷、铁等矿物质，而且它含有的膳食纤维和丰富的抗氧化物质，能够起到清热降火、润燥通便的作用。但要注意，猕猴桃中间带籽的部分尽量不要给宝宝多吃，因为这部分不容易被消化。

给挑食的宝宝

如果宝宝不喜欢吃生的猕猴桃，可以把它做成果汁，或者做成猕猴桃酱，和其他食物一起给宝宝吃。

最好的蔬菜：菠菜

菠菜为宝宝提供的主要营养成分是维生素A和叶酸，还有一些维生素C和铁。因为它没有杂味，宝宝通常都很喜欢吃。菠菜的用处很多，可以把它作为盘边的装饰，也可以在它上面放一些番茄酱，还可以用它代替生菜放在三明治里。但是要记住，不能把它和豆腐一起吃，否则会影响钙的吸收。

给挑食的宝宝

让宝宝吃蔬菜是许多妈妈比较头疼的事，如果你多花点心思，做一道有创意的蔬菜饭，比如一个菠菜寿司、菠菜拌饭，宝宝绝不会想到这个既有趣又好吃的东西原来是菠菜做成的。

给挑食的宝宝

早餐对宝宝很重要。做一顿有趣的早餐宝宝肯定会喜欢，一个香蕉小人（含有丰富的钾），一杯牛奶（含丰富的钙），再把谷物早餐撒在上面，摆成一个有趣的造型。

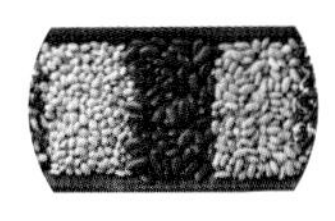

最好的主食：谷物

谷物早餐中含有多种维生素和矿物质，可搭配牛奶食用。需要注意的是，牛奶的选择很重要，两岁以内的宝宝最好不要饮用脱脂牛奶，1岁以内的宝宝最好吃母乳或配方奶。

最好的主食：比萨

和其他快餐食物相比，比萨里混合了蛋白质（干酪）、糖分和蔬菜（番茄丁）等多种营养，更适合宝宝食用，而且做起来很简单，只要在烤箱里烤几分钟就可以了。

给挑食的宝宝

有哪个宝宝不喜欢吃比萨吗？你遇到的大多数情况是，宝宝会不断要求你再给他一份。需要注意的是，做比萨或者买比萨时，要尽量选择蔬菜比较多的。

最好的坚果：杏仁

杏仁有很多让人意想不到的营养效果：它不仅可以预防心脏疾病，而且含有维生素E和其他的微量元素，如铁、钙、镁等对宝宝的健康都非常有益。未加工过的生杏仁是一种低脂食物，宝宝吃了可以预防高血压。但是要记住，3岁以下的宝宝最好不要给他吃整个的杏仁，否则容易卡住宝宝的气管。杏仁还有很多吃法，比如把它和蔬菜、奶酪一起做个比萨，或者用料理机做一些杏仁的碎末。

给挑食的宝宝

将杏仁、花生、腰果磨碎，和酸奶混合在一起，做一杯宝宝喜爱的坚果酸奶吧。

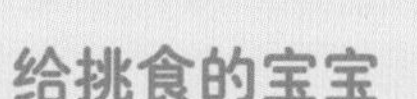

给挑食的宝宝

如果宝宝不喜欢牛肉的味道，可以把牛肉做成肉馅儿和切碎的青豆混合，用可食用的薄纸包上，放在烤箱里烤一个纸包牛肉，蘸着番茄酱吃，宝宝肯定会喜欢。

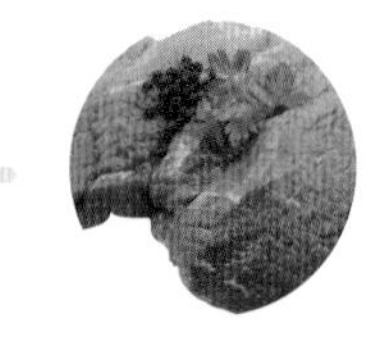

最好的肉食：牛肉

牛肉中含有丰富的铁和蛋白质，能为活泼好动、正在长身体的宝宝提供血细胞所需要的营养。牛肉的做法很多，可以炒、炖、煮，也可做成牛肉汉堡包、牛肉小包子、牛肉酱细面条等。

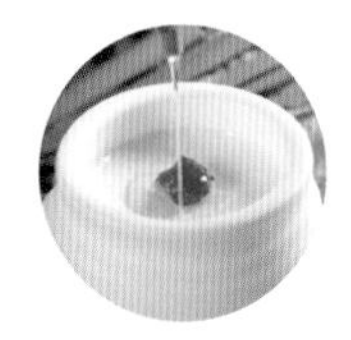

最好的奶制品：酸奶

酸奶是钙的主要来源之一，而且热量很低，很适合宝宝食用。如果自己制作酸奶，最好用配方奶做原料，这样不仅营养丰富，也易消化。

给挑食的宝宝

如果宝宝觉得酸奶太乏味，不妨给他做个酸奶果冻，切成小块，再蘸上一点草莓酱。

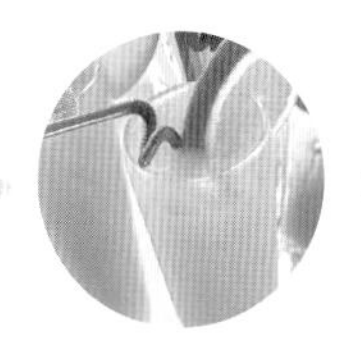

最好的饮品：橙汁

橙汁含有丰富的维生素和叶酸，宝宝很喜欢它酸酸甜甜的味道。但是，宝宝喝橙汁要适量，30～50毫升为宜，过多的橙汁会增加宝宝摄入的热量。

给挑食的宝宝

给宝宝制作一杯果汁“鸡尾酒”，橙汁里加一些矿泉水和一颗红樱桃，再插上一个颜色鲜艳的吸管。

最好的蔬菜：番茄

无论从外观还是味道，番茄是大多数宝宝的挚爱。番茄的主要成分是番茄红素，它是一种有助于预防癌症和心脏病的天然抗氧化剂。番茄中还含有丰富的维生素C和大量的纤维素，预防感冒，防止便秘。如果宝宝不喜欢吃单调的番茄，可以把它切成小丁或薄片，拌上沙拉酱，做成美味的沙拉，或者直接压成番茄汁，鲜艳的颜色再配上一个可爱的杯子，连成人都会被它吸引的。另外，不要以为生的番茄更有营养，其实煮熟的番茄中的番茄红素更容易被吸收。

给挑食的宝宝

可将小番茄摆成可爱的毛毛虫造型，相信宝宝就不会拒绝吃了。

引起宝宝挑食的原因

宝宝挑食是家长们最不希望看到的。但是宝宝挑食的习惯是怎么样一点点形成的呢？下面我们就来分析一下原因，供家长们参考。只有清楚地了解宝宝挑食的真正原因，才能从根源上彻底解决宝宝挑食的难题。

1.父母让宝宝错过了味觉最佳发育机会

未在相应的阶段及时添加辅食。

2.父母本身在生活中经常偏食、挑食

好些妈妈对自己不爱吃的饭菜，就懒于很好地去做，随便草草地做熟，也不注重口感和色泽，宝宝因此也不喜欢吃。

3.父母常常依自己对食物的喜好妄加评论

家长在宝宝的面前谈论某某东西不好吃，如芹菜有药味、韭菜的味道太难闻等，言语之中经常流露出对这些食物的偏见。

4.父母总是让家里的饮食很单调

由于工作繁忙，或完全为了图省事，常常是一种菜一次便做出一大堆，然后让宝宝上顿吃不完下顿又吃，最终使宝宝对这种饭菜倒了胃口，小孩子是没有大人那么大的忍耐性的，一旦厌烦了的饭菜，以后再也不想吃了。

5.父母对宝宝挑食、偏食纠正得过于性急

当宝宝不爱吃什么东西时，妈妈着急之下常常采取强迫、诱惑、收买或威胁等策略，硬要宝宝往肚子里吃，结果造成不良的神经影响，即时间一长使宝宝形成条件反射，一见到这种不爱吃的食物就恶心。

6.父母在饮食上娇纵宝宝

有的宝宝碰到喜欢吃的食物，便没完没了地吃个不停，但由于小孩子的消化器官还很娇嫩，结果导致伤了脾胃，造成疳积，以后一碰到这种食物就感到十分厌恶。

7.宝宝生病了，如缺锌、贫血等

父母在喂养中不得当，总是给宝宝吃精细食物、零食、冷饮等，而且随要随给，久而久之导致宝宝脾胃不和，致使挑食和偏食。应对症处理，纠正以上情况。各种食物轮流上桌，创造一个愉快的进餐环境。

8种方法让宝宝更爱吃饭

宝宝吃饭确实需要有兴趣，需要产生心理动力，这也是两岁左右宝宝的特点。因为两岁左右的宝宝是不区分吃饭、做事，还是玩的，他都是一个态度：“尝试、探索”，用成人的话说就是“玩”。所以，遵循这个特点，我们提供了以下几种方式，让宝宝对吃饭更有兴趣。

1.与成人同桌

宝宝小的时候，独自一个先吃，现在长大了，能走会玩了，他非常想看看成人吃饭的情形，并参与到成人吃饭的行列中。成人吃饭的模式，对一个初涉世的宝宝来说是很新奇的，能让他入座更意味着宝宝长大了，宝宝会像模像样地等候吃饭。

2.允许手抓饭吃

对宝宝来说，自己吃饭并不是像我们认为的：“生活独立的开始”，而是另一种新奇的玩。完成吃饭乃是这个“玩”的结果。能把饭菜自如地送到嘴里，这个动作的协调是在“玩”中练成的。宝宝有一句常挂在嘴边的话：“宝宝自己喂！”就能看出宝宝看中的是“自己喂”这个过程而非吃饭本身。因此，这个过程尽可能让宝宝自己做主，至于宝宝行为上的笨拙、不合常理性都应该暂时的包容。宝宝吃饭的兴趣、积极性才是最重要的。

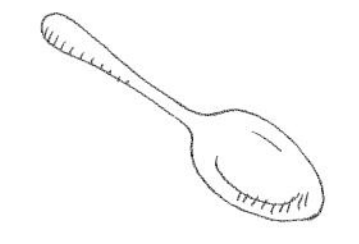

3.去超市采购

带宝宝去买菜，最好是去购物环境比较整洁的超市。超市是非常好的教育资源，各种各样的货物分门别类地整齐摆放，每种商品都标有品名和价格。

找到蔬菜区，红红绿绿的各种蔬菜自然能吸引宝宝的注意力，先让他自己挑几种他想吃的，再由成人搭配几种以均衡营养，并告诉宝宝为什么要选配另外的菜。瞧，营养学知识就这么简单地融入了生活之中，这比到做熟之后在餐桌上硬塞给宝宝效果要好得多。

4.让宝宝参与下厨

宝宝不会做事，但是做事的积极性很高。父母在做饭时让宝宝参与拣菜、洗菜等做饭过程，哪怕宝宝在一旁看看、摸摸也算参与，或者抱宝宝在电饭煲的启动键上按一下。稍大的宝宝可以教他使用一些厨具，不爱吃肉的宝宝可教他一起包饺子或包包子……

当你把饭端到宝宝嘴边时，就可以理直气壮地告诉宝宝：“尝一尝，这是宝宝自己洗的菜哟！”“尝一尝宝宝亲自做的饭！”这时的宝宝会非常乐意张嘴的。

5.模仿成人的用餐方式

别看宝宝小，常常会“不满足现状”。当看见成人自如地用餐，他会认为是成人的餐具好用，成人的用餐方式好，而不会想到自己的能力问题。为维护好宝宝吃饭的心理动力，可以暂时满足宝宝的需求，给他一副成人的碗筷。当然，家人要在一旁留意。

6.猜一猜宝宝吃了哪些

这是一种妈妈向宝宝示弱、装糊涂的技巧。妈妈闭上眼睛对宝宝说：“我来猜，宝宝吃了几口饭？”宝宝会很乐意地配合妈妈。妈妈想让宝宝吃饭就猜饭；想让宝宝吃菜就猜菜。猜的数目要少，比如：猜宝宝只吃了两口，宝宝会说，不对，吃了三口。当然，猜错的概率不能超过50%，否则，宝宝的兴趣会降低。

7.为大家服务

发扬宝宝要做成人事的积极性。全家吃饭前，让宝宝摆放座位、分筷子，让宝宝端不容易打泼的菜。然后，让宝宝带头坐到饭桌上。这些“前期工作”足以告诉宝宝“要吃饭了”，接下来的吃饭也就顺理成章了。

8.定时又定位

虽然现代营养学家提出不必一日三餐，提倡少吃多餐。但对于正餐都无法好好吃的宝宝来说，保证一天三餐是最基本的。因此父母对宝宝三餐的进餐时间一定要注意，一旦养成了进餐规律，切不可随意改动。

每两餐之间至少相隔3个半小时，中途如果宝宝因运动量大、消耗较快而感到饿时，可加食适量水果(苹果最宜)，但不要吃零食，尤其是油炸类食物。进餐时，每次都让宝宝坐在固定的位置上，最好给宝宝准备一个他专属的餐椅。

孩子的不良饮食习惯包括：偏食、厌食、吃零食以及不讲究饮食卫生等。孩子一旦养成了不良饮食习惯，会造成某种营养素缺乏，还会加重肠胃负担，引起消化不良症，或者造成过度肥胖。因此，家长必须重视预防和矫正孩子不良的饮食习惯。

1.示范如何咀嚼食物

有些宝宝因为不习惯咀嚼，会用舌头将食物往外推，家长在这时要给宝宝示范如何咀嚼食物并且吞下去。可以放慢速度多试几次，让他有更多的学习机会。

2.学会食物代换原则

如果宝宝讨厌某种食物，也许只是暂时性不喜欢，可以先停止喂食，隔段时间再让他吃，在此期间，可以喂给宝宝营养成分相似的替换品。妈妈大可不必过于急躁。多给孩子一些耐心，也许哪一天换种烹调方式或者给孩子把饭摆成一个可爱的造型你的宝宝就爱吃了。

3.品尝各种新口味

饮食富于变化能刺激宝宝的食欲。在宝宝原本喜欢的食物中加入新材料，分量和种类由少到多。逐渐增加辅食种类，让宝宝养成不挑食的好习惯。食物也要注意色彩搭配，以激起宝宝的食欲，但口味不宜太浓。

4.勿在孩子面前品评食物

有的妈妈不爱吃某一种食物，就不会给孩子买来做着吃，也许妈妈不知道，你的宝宝会模仿大人的行为，所以家长不应在孩子面前挑食及品评食物的好坏，以免养成孩子偏食的习惯。要想孩子不挑食家长要从自身做起。

只有饮食的多样性保证了微量元素的不缺乏，对她的成长非常有必要。

5.饭前10分钟先行预告

6个月之后，宝宝渐渐有了独立性，会想自己动手吃饭，家长可以鼓励孩子自己拿汤匙进食，也可烹制易于手拿的食物，满足孩子的欲望，让他觉得吃饭是件有“成就感”的事，食欲也会更加旺盛。玩在兴头上的孩子若被突然打断，会引起其反抗和拒绝，所以即使是一岁左右的幼儿，也应该事先告之他即将要做的事，如：“再过10分钟就要洗手吃饭了！”养成宝宝好习惯。

6.保持良好的心态

在宝宝吃饭的问题上，妈妈的心态很重要。宝宝的胃口几乎随时会发生改变，所以当你精心制作了他上一顿喜欢吃的东西，端到他面前时，他也许一口也不要吃。这时，你会怎么做？“这不是你最爱吃的吗？妈妈这么辛苦给你做了，你一定要吃，不然妈妈再也不给你做了。”其实，你的宝宝并不是存心捣蛋，只是他真的不想吃。

7.不要逼宝宝吃不喜欢吃的东西

不必担心他营养不良，他可能只是不喜欢这种吃法，而不是这样东西，所以换一种制作方法试试。例如蔬菜，不管你切碎了烧给他吃还是蒸给他吃，他都不领情，但是，如果做成馅儿包在饺子或包子里，宝宝大多不会拒绝。

8.不要总是强迫宝宝多吃

不必担心宝宝会饿着，如果他饿了，自然会自己要求吃东西。如果总是强迫宝宝吃饭，只会破坏他的胃口，使他厌食。所以，不用为了让他多吃一口而想方设法，甚至大动干戈。不要总是急着问：“你还想再吃吗？”耐心地等待宝宝主动要吧！

9.不要用宝宝喜欢吃的食物引诱他或强迫宝宝吃不喜欢吃的食物

妈妈们可能会说：“先吃一口菜，吃一口菜，我就给你薯片吃。”你这样做，只会让宝宝更加觉得菜是不好吃的，同时也更增加对薯片的欲望。

10.心平气和地对待宝宝的吃饭问题

不要因为宝宝吃得多就表扬他，也不要因为他吃得少显得失望。宝宝吃饭，不是因为你的表扬或批评，而是因为他肚子饿，他想吃东西。所以，要让宝宝自己产生想吃东西的欲望。当你不再逼迫他，他不再感到有压力时，他自然会把注意力转移到吃饭上。

11.让宝宝有饥饿感

宝宝之所以不能好好地吃饭，是因为他不饿。所以，要想办法让他有饥饿感。你可以在宝宝吃了几口就不好好吃的时候，心平气和地说“好了，宝宝吃饱了”，然后把碗收掉。不要在乎他剩下多少。这样，几天以后，宝宝就会感到特别想吃东西，那时，你再把食物端到他面前，并且转身去忙别的，让他自己有机会自己吃饭。

12.宝宝能自己吃了，不要再喂他

宝宝能独立地自己吃了，有时他反而想要妈妈喂。这时，如果你觉得他反正会自己吃了，再喂一喂没有关系，那就很可能前功尽弃。如果他坚持让你喂，你可以简单地喂他几口，然后漫不经心地表示他已经吃饱了。这样，他如果想吃的话，就得自己吃。

宝宝有不良饮食习惯怎么办

孩子的不良饮食习惯包括：偏食、厌食、吃零食以及不讲饮食卫生等。孩子一旦养成了不良饮食习惯，会造成某种营养素缺乏，还会加重肠胃负担，引起消化不良症，或者造成过度肥胖。因此，家长必须重视预防和矫正孩子不良的饮食习惯。

宝宝爱吃甜食或咸食应如何纠正

应该循序渐进地来纠正他的这个习惯，尽量使宝宝食物中的甜味来自食物本身的天然的甜味，而不是添加进去的调味料的甜味，如胡萝卜或红薯，它们本身就带一些甜味，把这些食物和米粉掺和在一起，让他慢慢地来适应，之后慢慢地将他的口味纠正过来。

宝宝喜欢吃零食，需要干预吗

一般来说，1～3岁的宝宝基本上一天需要吃三顿正餐，另外可再加上两顿加餐，我们称为小餐，可以适当给予一些零食。什么零食比较健康一点呢？像水果、酸奶、面包片这样的食物，从营养学角度来说，对宝宝饮食习惯的培养有好处。应尽量少给宝宝吃含糖类的食物、油炸食物等，当然不是说绝对不能吃，可以少吃，不要作为主要食物来提供。

宝宝对各类食品的需求有何区别

谷类（碳水化合物）以及蛋白质对于宝宝来说需求量较大。矿物质、维生素主要来源于蔬菜和水果，所以宝宝也需要大量地摄入。宝宝对脂肪类食品的需求较前几类食品要少一些。

宝宝不好好吃饭，边吃边玩怎样办

这个习惯确实对宝宝的成长是不利的。首先，从营养的角度来说，边吃边玩，无疑就会延长宝宝摄入食物的过程，如果他吃饭花了1～2个小时，这样还会影响到下一餐的摄入。其次，会影响宝宝的消化能力。父母可以采取一些办法（如鼓励、表扬等），在食物的做法上，多变些花样，别让宝宝天天吃一模一样的菜，让宝宝爱上吃饭。也可以创造一个好的环境，让宝宝有好的心情来就餐。父母切勿训斥宝宝，宝宝心情不好了，自然也会不好好吃。

爸妈可以尝试一下“饥饿疗法”：如果宝宝不想吃饭了，父母不用逼迫宝宝吃下去，可以把食物收起来，等他饿了再来寻找食物的时候，就告诉宝宝，饭点过了，只能到下一顿吃饭的时候才有东西吃。这期间不能让宝宝乱吃零食，要让宝宝明白这个道理，不在饭点好好吃饭，就没有饭吃了，尝试几次，宝宝一定会好好吃饭了。

让宝宝爱上蔬菜的妙招

许多宝宝两三岁时，聪明伶俐，活泼可爱，很招人喜欢。但是他们有个坏习惯：不爱吃蔬菜。任凭父母怎么劝说，小家伙就是不吃菜。家长可以撇开说教的方法，另寻他法，也许会收到好的效果。妈妈不妨试试下列方法，也许宝宝也能爱上蔬菜，不再挑食。

把菜做成馅儿

宝宝爱吃饺子、包子。可以把菜和肉馅儿拌在一起包成饺子或包子。每次加不同种类的菜，但是菜一定要剁得碎一些，这样菜肉混在一起口感比较好，宝宝就爱吃了。

把菜做成泥

宝宝不爱吃菜一般来说都是因为觉得菜不好嚼，或者嚼不动。如果把菜做成菜泥或者直接上锅蒸，就可以除掉宝宝不喜欢的那种蔬菜粗纤维的口感。这样就可以把南瓜或者红薯蒸熟，再加上各种适合宝宝的调味品，一般情况下，宝宝会比较喜欢吃的。像这样的菜还有茄子、土豆等。

搭配着吃

把蔬菜和宝宝喜欢吃的食物搭配在一起做。如青菜肉末豆腐羹、菠菜炒鸡蛋等。搭配的蔬菜最好切碎些，烧得入味，就会受宝宝欢迎了。还可以采用色彩搭配的方法，尽量让菜品的颜色丰富一些……

蘸着吃

宝宝喜欢把蔬菜蘸着各种酱吃，可以选择的酱有：番茄酱、甜面酱、沙拉酱等，也可以是炸酱。

蔬菜碗

把蔬菜当容器，用挖空的柿子椒、番茄当做盛饭、菜的碗。

拌沙拉或包饭、包菜

蔬菜水果沙拉、蔬菜火腿沙拉都可以试一试。还可以用生菜叶、白菜叶把做好的菜或饭包起来，做成菜饭卷。

榨汁

如果家里有榨汁机，试着做水果蔬菜混合汁：把橙子、胡萝卜等混合在一起榨汁。

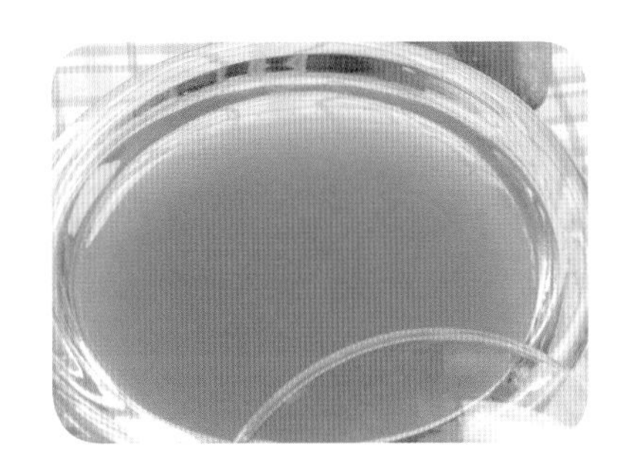

把菜做成各种造型

商场里有一种制作菜品的专用模具，用这种模具可以把蔬菜削切成各种形状，有圆片的，有镂空的，有三角形的等。如果妈妈有时间和精力，还可以发挥更大的想象力，做出各种小动物的形状，宝宝觉得新鲜、好玩儿，也就想吃了。这种方法实际上是从视觉上刺激宝宝的食欲。

趣味多多的蔬菜游戏

比如小白兔最爱吃胡萝卜、白菜，宝宝喜欢小白兔，也爱吃胡萝卜、白菜。大力水手一吃菠菜就力大无穷……多向宝宝讲吃蔬菜的好处，通过讲故事的形式让宝宝懂得，吃蔬菜可以使身体长得更结实、更健康。

做个榜样

父母带头多吃蔬菜，吃出津津有味的样子，为宝宝做个榜样。不要在宝宝面前议论自己不爱吃什么菜、什么菜不好吃，以免对宝宝产生暗示。如果宝宝只是拒绝个别几样蔬菜，也不必太勉强，可通过其他蔬菜来代替，　也许过一段时间宝宝自己就会改变的。

其实，让宝宝爱上蔬菜的方法还是很多的，关键是父母要开动脑筋，用心去做，切不可依着宝宝的口味爱吃什么就吃什么，不顾营养的全面性。

模具让美食大变身

对宝宝来说，很容易厌倦千篇一律的菜式，这时候就需要稀奇古怪的模具给普通的食物来个大变身了。按照不同材质，模具有塑料和硅胶软模等种类；依据不同造型，有平面和立体之分。可以根据自己的手艺和需要选择不同的模具。

煮蛋模

刚煮好的鸡蛋剥壳，放入卡通模具中盖上扣好，冷水中冷却5分钟后，白色的煮鸡蛋就能变成了卡通猪形或小熊形状。平白无奇的白水蛋瞬间变得活泼起来，没有宝宝能够抵挡住它的魅力。

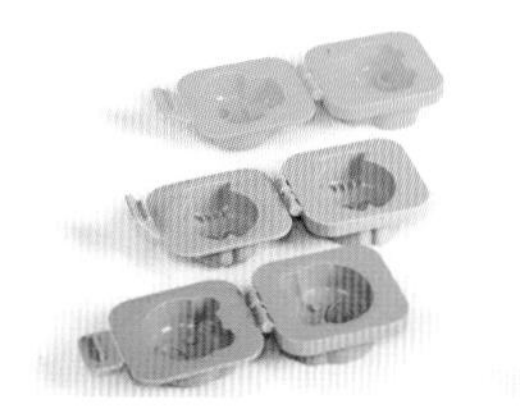

饭团模具

将刚煮好的热饭，用保鲜膜捏成小团，再放入饭团模具中，压紧实、抹平，盖上盖扣好5分钟后，倒出就是各种形状的饭团了。如五角星形、心形，可在外面包上紫菜条，撒上芝麻，就是一个个别有趣味的饭团了。

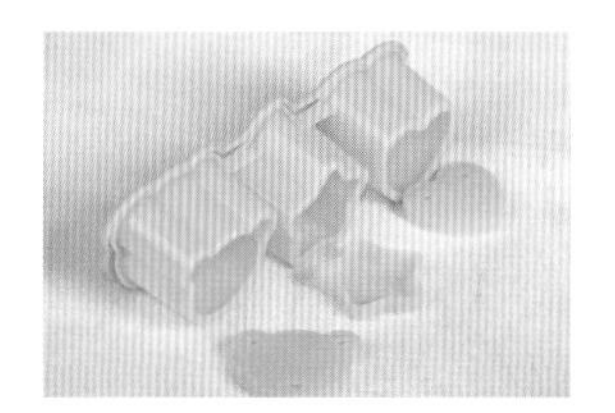

蔬菜、水果刻花模具

将蔬菜、水果、火腿肠或饼干等切成小片（厚度可以随意，大小以稍微大于模具直径为佳），然后用模具由上往下按压，即可制作成各式花色的蔬菜、水果或饼干（做好后需烘焙哦），这样就摆脱了传统的片、块、丁等形状。蔬菜可以根据需要进行再烹饪，水果可直接拼盘食用。

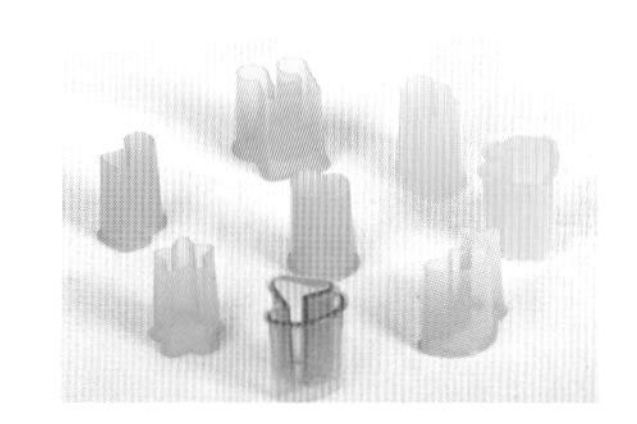

可爱动物牙签

熊猫、长颈鹿、企鹅……各种各样可爱的动物造型做成的牙签，将煮好的鸡蛋、捏好的饭团，还有刻好的蔬果片，用可爱的动物牙签来装饰，就更完美了，可爱且充满童趣。

儿歌、故事和谜语，边吃边学

在现实生活中，最令家长发愁的就是宝宝的进餐问题，进餐状况关系到宝宝的身体健康。宝宝需要学会自己独立进餐，这对他们来说是学习的开始。因此，怎样引导宝宝走好这第一步是关键，以儿歌、故事和谜语为载体，帮助宝宝更好地进餐。

调动宝宝食欲

根据宝宝的年龄特征，运用丰富多样的活动形式，如游戏、故事、儿歌、谜语等引导宝宝积极主动地学习，对正确的行为应及时给予充分的肯定，以促进宝宝良好进餐习惯的形成。

故事中应有许多的小动物，这是宝宝非常感兴趣、非常喜欢的。可以利用 “爱屋及乌”的心理，让宝宝去尝试了解各种小动物爱吃的食物。比如故事《好吃又营养的胡萝卜》中，小兔丁丁和妈妈的对话，妈妈告诉丁丁：胡萝卜含有维生素A，吃了以后可以让眼睛明亮，身体更壮。还介绍几个相关的菜肴，让宝宝也来假装吃胡萝卜，吃了变得很聪明、很强壮，甚至还战胜了大灰狼。从而激发宝宝想尝一尝的欲望。等到吃相关的菜了，我们再出示相关的动物形象，调动宝宝的食欲，改变进餐习惯。

让宝宝更好地记住食物

宝宝挑食也是让家长很头痛的一件事情，精心烹饪的菜肴端上桌，宝宝这也不爱吃，那也不爱吃，很多家长都束手无策。这时就可以根据宝宝的爱好，教他一首儿歌，或者让他猜猜谜语，给他讲个故事，让宝宝对食材印象深刻。比如，宝宝不爱吃玉米，就可以和他说，“宝宝，我出个谜语，你来猜猜是什么吧？”“一个老汉八十八，先长胡子后长牙。”然后不断给他提示，直到他猜出来。这时要夸奖他：“宝宝真棒，真厉害，这么难都猜出来了。”然后再说，“那么我们一起来吃一吃这个老汉的牙好不好？”这样的方法对宝宝非常有效，他会对玉米的印象非常深刻，而且以后也会主动提出吃“老汉的牙齿”了。聪明的妈妈就可以针对宝宝不爱吃的食物编一些儿歌或谜语，经常和宝宝来互动，这样一定可以改掉宝宝挑食的坏毛病。

趣味菜名，开心开胃

你是不是经常在饭店里的菜单上看到奇怪的名字，然后忍不住好奇心点了菜，等端上来你才发现，自己上当了。你发现鱼香肉丝里没有鱼这个食材，蚂蚁上树并不是炒蚂蚁。给菜肴取一个趣味的名字，既开心又开胃，尤其对于不爱吃饭的宝宝来说，一个有趣的菜名，可以省去很多追着喂饭的麻烦。下面举一些这样的例子。

“猴子捞月亮”

如果宝宝不爱吃蔬菜，就可以把胡萝卜、黄瓜等，切成半圆形或半环形，叫他来吃“月亮”，或者取个名字叫“猴子捞月亮”，宝宝一定会爱吃的，甚至还会拍着桌子叫：“还要一个月亮，还要一个月亮！”当然，把胡萝卜切成圆片就是“太阳”了。

“火山下大雪”

如果宝宝不爱吃番茄，就可以切成片，摆在盘里，撒上白糖，取个名字叫“火山下大雪”，这时，宝宝会很乐意尝尝火山和大雪的味道。

“黑熊耍棍”

木耳炒豆芽，既可补铁又可补充维生素，奈何宝宝不爱吃，这样不妨换个名字——“黑熊耍棍”，怎么样？多有趣的名字，黑黑的木耳就是黑熊，细长的豆芽就是长棍，如此生动活泼，宝宝还能拒绝吗？

“乱棍打死猪八戒”

《西游记》里的人物每个宝宝肯定都耳熟能详，那么用豆芽炒猪肉，这样一道“乱棍打死猪八戒”肯定会大受宝宝欢迎的。

总之，为了宝宝能多吃饭，摄取各种营养，妈妈费尽了心思，所以要取更多有趣的菜名来吸引宝宝，也需要妈妈开动脑筋了。

第2章

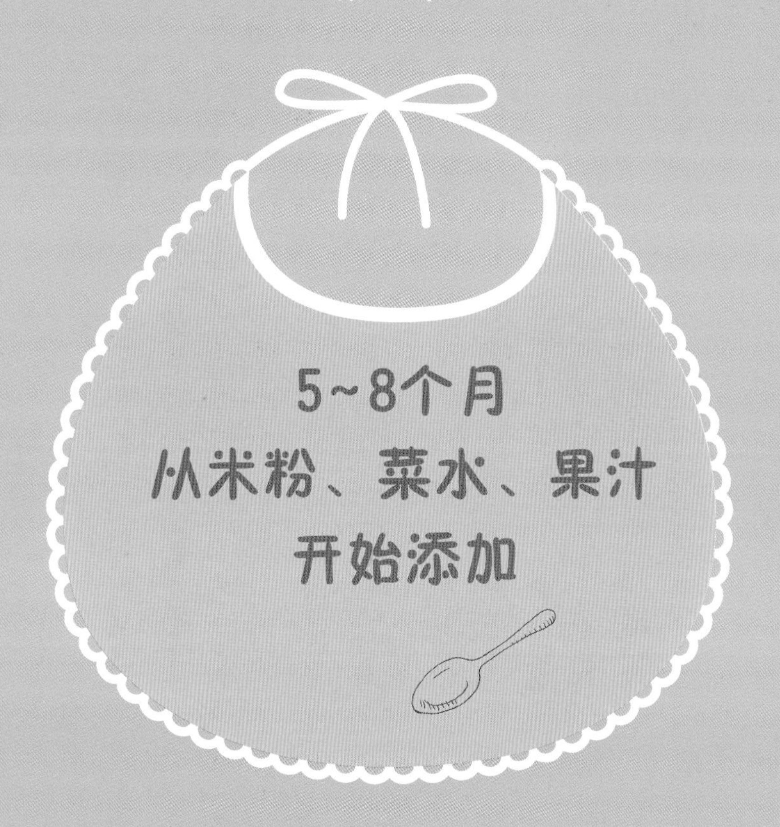

5~8个月 从米粉、菜水、果汁开始添加

番茄汁

适合5个月以上的宝宝

原材料

番茄1个。

做　法

1. 把番茄洗净，底部用刀划开十字口。
2. 在碗上放一块纱布，把番茄放在纱布上，放在锅里蒸两三分钟。
3. 待凉些后，用纱布兜住番茄，用匙挤压番茄，把汁挤到碗里，兑些温开水，就可以给宝宝喝了。直接给宝宝喝原汁也可以。

番茄用开水烫后去皮、去籽，切成丁加适量水煮，可得较多汁水。

番茄汁中含有丰富的营养，它所富含的维生素A原，在人体内转化为维生素A，可以促进骨骼生长，防治佝偻病。

胡萝卜泥

适合5个月以上的宝宝

原材料

胡萝卜1根。

做　法

1. 将胡萝卜去皮，洗净。
2. 切成小块后加水煮至软熟（或者蒸熟），取出晾凉。
3. 然后放入搅拌机搅碎成糊即可。搅的时候，酌情加水，搅成适合宝宝吞咽能力的稠度。

营养分析

胡萝卜有很好的健脾消食的作用，适用于宝宝营养不良、肠胃不适，另外胡萝卜素转变成维生素A，不仅让宝宝有一个好胃口，还有助于增强机体的免疫功能。

妈咪妙招

要视宝宝的吞咽能力来调节浓稠度，不能太干，也不能太稀。

香蕉米羹

适合6个月以上的宝宝

原材料

香蕉、大米各40克。

调味料

白糖适量。

做 法

1. 将大米用清水浸泡10分钟后洗净；香蕉去皮，切成小片备用。
2. 锅内注入清水烧开，加入大米，以小火煮至黏稠，加入白糖。
3. 放入香蕉片拌匀，起锅盛入碗中即可。

清香甜蜜，酥软可口，营养丰富，入口即化。

妈咪妙招

制作时，要尽量将香蕉切得小片一些。此羹香甜适口、味甜而黏，极宜宝宝食用。

营养分析

香蕉果肉营养价值颇高，富含碳水化合物、蛋白质、脂肪、多种微量元素和维生素，其中维生素A和核黄素可促进人体正常生长和发育。

香浓玉米汁

适合6个月以上的宝宝

原材料

玉米200克、矿泉水100克。

调味料

白糖5克。

做 法

1. 将玉米洗净，放入锅中煮熟后捞出，取玉米粒。
2. 将玉米粒倒入榨汁机中，加入适量矿泉水和白糖，搅打3分钟。
3. 用滤网滤去玉米渣，倒入杯中即可。

营养分析

玉米汁中富含铁、钙、硒、锌、钾、镁、锰、磷、谷胱甘肽、葡萄糖、氨基酸等营养成分，可直接被肠道吸收，满足宝宝营养平衡的需要，未滤尽的玉米皮含有大量的粗纤维，有助于宝宝的新陈代谢。

妈咪妙招

玉米有糯玉米和甜玉米之分，而做这款饮品时，应选用甜玉米，会更适合宝宝的口味。

香蕉奶昔

适合6个月以上的宝宝

原材料

香蕉120克、牛奶200克。

做　法

1. 将香蕉去皮，切段。
2. 再将香蕉放入榨汁机中，加入牛奶，搅打1分钟，倒入杯中即可。

妈咪妙招

这款饮品的浓稠度可根据宝宝的喜好来调制。

营养分析

香蕉有“智慧之果”的美称，几乎含有所有的维生素和矿物质，因此从香蕉中可以很容易地摄取各种营养素。香蕉和牛奶混合在一起有助于宝宝大脑发育，促进骨骼生长。

胡萝卜黄瓜汁

适合6个月以上的宝宝

原材料

黄瓜、胡萝卜各100克。

调味料

蜂蜜适量。

做　法

1. 将黄瓜、胡萝卜均去皮，洗净，切段。
2. 在榨汁机里加入少量温开水，放入黄瓜段、胡萝卜段榨汁搅拌。
3. 给宝宝喝时，过滤掉蔬菜渣，加入适量蜂蜜调味即可。

营养分析

黄瓜和胡萝卜都富含维生素，胡萝卜中还含有大量的胡萝卜素，都可以预防和缓解宝宝便秘，同时有利于宝宝视力的发育，预防指甲劈裂。

妈咪妙招

可按1：1来兑温开水。胡萝卜和黄瓜榨汁前，一定要洗净，最后用开水再清洗一次。

清甜南瓜糊

适合6个月以上的宝宝

原材料

南瓜100克。

调味料

淀粉少许。

做 法

1. 将南瓜去皮，洗净，切成小块，放入沸水锅中煮至熟。
2. 用小匙将南瓜块压成泥状。
3. 在南瓜汤里加入少许淀粉，烧开并搅拌成均匀的糊状即可。

妈咪妙招

糊的浓度一开始就可以控制。加入淀粉时，要用筷子不停地搅拌，防止结块。也可用奶粉代替淀粉，只是稀稠度会有所变化。

营养分析

南瓜中含有丰富的锌，参与人体内核酸、蛋白质的合成，是肾上腺皮质激素的固有成分，是人体生长和发育的重要物质。

玉米汁

适合6个月以上的宝宝

原材料

新鲜玉米1根。

做 法

1. 将玉米煮熟，晾凉后把玉米粒掰到碗里。
2. 将玉米粒和温开水以1：1的比例放到榨汁机里榨汁，倒出给宝宝饮用。

营养分析

玉米有大量的营养保健物质，不仅含有糖类、蛋白质、脂肪、胡萝卜素、谷固醇，而且还有维生素B_2等，对宝宝的发育极有好处。

妈咪妙招

也可以生榨玉米汁，再用小奶锅煮熟。

面包粥

适合7个月以上的宝宝

原材料

大米20克，面包1片，切碎的猕猴桃、橘子、圣女果各1小匙。

做　法

1. 将大米淘洗干净，浸泡半小时，再加水煮成粥。
2. 把面包切成大小均匀的小碎块，与猕猴桃、橘子、圣女果一起放入锅内煮软即可。

放在粥里的水果可根据季节和口味作调整。

妈咪妙招

面包四周的硬边要切去，面包丁要切小一点。

营养分析

此粥有水果，又有面包，既可让宝宝饱腹，还可以补充丰富的维生素，对宝宝的成长大有好处。

土豆泥

适合7个月以上的宝宝

土豆泥含有丰富的蛋白质、脂肪、碳水化合物、钙、磷、铁、钾及维生素A、B族维生素、维生素C等多种营养素成分，宝宝食用，可获得较全面的营养，有利于生长和发育。

原材料

土豆80克，牛奶适量。

做 法

1. 将土豆去皮，洗净，切成薄片，放入蒸锅或者微波炉蒸熟后取出。
2. 取出后将土豆压碎，即成土豆泥。
3. 成泥后再加牛奶，上笼稍蒸后即可喂食。

压泥的时候一定要压至没有颗粒才可以，以防宝宝吸入气管。

原材料

苹果1个。

调味料

白糖适量。

做　法

将苹果洗净，去皮，然后用研磨器磨成泥状，或用匙子刮成泥。

苹果泥

适合7个月以上的宝宝

为了防止苹果泥氧化，妈妈可先把水用锅煮开，然后把切好块的苹果放进去，煮1分钟，再拿出来打成泥就可以了。

苹果泥含有丰富的矿物质和维生素。宝宝常吃苹果泥，可预防佝偻病。还具有健脾胃、补气血的功效，对缺铁性贫血有较好的防治作用。

大力水手塔

适合8个月以上的宝宝

菠菜营养丰富，含大量胡萝卜素，胡萝卜素在人体内能转化成维生素A，可维护正常视力和上皮细胞的健康。

原材料

菠菜200克，生姜20克。

调味料

盐2克，鸡精1克，香油、酱油各5克。

做　法

1. 将菠菜去根，洗净，切段，放入加有盐的沸水锅中焯水后捞出，放入凉开水中浸泡片刻，再捞出沥干水分；姜去皮，洗净，切末。
2. 再将菠菜、姜末拌匀，盛入杯子中，压紧，再迅速倒扣于碗中。
3. 将鸡精、酱油、香油和适量温开水调匀，淋在菠菜塔上即可。

菠菜中含有草酸，很难被人体吸收，用沸水将菠菜焯熟，可以去除90%的草酸。

橙汁娃娃菜

适合8个月以上的宝宝

原材料

娃娃菜250克，橙汁100克。

调味料

大蒜8克，盐3克，白糖、白醋各4克。

做　法

1. 将娃娃菜洗净，切片，焯水后捞出；大蒜去皮，洗净，切末。
2. 将盐、白糖、白醋、橙汁调匀成味汁。
3. 锅内倒入油烧热，再放入蒜末炒香，加入味汁烧开，放入娃娃菜稍煮后盛出即可。

妈咪妙招

娃娃菜外表呈绿白色或鲜黄色，其中鲜黄色为精品，给宝宝食用宜选择鲜黄色的。

营养分析

娃娃菜富含维生素和硒，且叶绿素含量较高，还含有丰富的纤维素及微量元素，具有丰富的营养价值，非常适合宝宝经常食用。

双色米粥

适合8个月以上的宝宝

原材料

大米100克，糯米、玉米粒各50克，胡萝卜丁少许。

调味料

冰糖少许。

做 法

1. 将大米和糯米均淘洗干净。
2. 锅中注入清水以大火烧开，放入大米、糯米，加入玉米粒、冰糖，以小火炖煮约10分钟。
3. 放入胡萝卜丁同煮片刻，起锅盛入碗中即可。

妈咪妙招

可加入高汤同煮，味道鲜美。熬制好后，把粥倒入保温盒中，焖1小时左右，米粒会更加香糯可口，玉米与胡萝卜也变得更加酥绵。

营养分析

胡萝卜能提供丰富的维生素A，可防止呼吸道感染，促进宝宝的视力正常发育；玉米纤维含量高，营养丰富，可防治宝宝便秘。

豌豆番茄粥

适合8个月以上的宝宝

原材料

大米50克，圣女果30克，豌豆少许。

调味料

盐、淀粉、鸡蛋清、香油各适量。

做 法

1. 大米淘洗干净；豌豆洗净，焯水后捞出；圣女果去皮，洗净，切丁备用。
2. 锅内注入适量清水烧热，加入大米烧沸，以小火熬约30分钟。
3. 再加入豌豆、圣女果，调入盐煮约5分钟，淋上香油拌匀即可。

色泽亮丽，味道鲜美，咸鲜香糯。

妈咪妙招

将圣女果放入沸水锅中焯20秒钟后捞出，冷却1分钟，容易剥掉外皮。

营养分析

圣女果可促进宝宝的生长发育，增加人体抵抗力。豌豆健脾胃，具有抗癌防癌的作用。虾的营养价值极高，为宝宝提供丰富的营养，增强免疫力。

开心南瓜羹

适合8个月以上的宝宝

原材料

南瓜300克、牛奶150克。

调味料

白糖5克、淡奶油10克。

做　法

1. 将南瓜去皮，去籽，洗净，切块，入锅蒸熟后取出，捣成泥状。
2. 将南瓜泥倒入锅中，加入牛奶，以小火加热，并不断用匙子搅拌。
3. 调入白糖拌匀，起锅盛入碗中，并用淡奶油装饰即可。

营养分析

南瓜中所含的南瓜多糖是一种非特异性免疫增强剂，能提高机体的免疫功能，促进细胞因子生成，通过活化补体等途径对免疫系统发挥多方面的调节作用。

妈咪妙招

加入淡奶油后，口感更香醇，如果没有，也可不加。

枸杞玉米羹

适合8个月以上的宝宝

原材料

玉米碎20克、鸡蛋1个。

调味料

枸杞、白糖各8克，淀粉10克。

做 法

1. 将鸡蛋磕入碗中，搅散成蛋液；枸杞泡发，洗净；淀粉加入适量清水调匀。
2. 玉米碎盛入锅中，注入适量清水以大火烧开，再改用中火煮约5分钟。
3. 倒入蛋液搅散，再放入枸杞拌匀。
4. 加入调好的淀粉烧开，搅拌均匀，最后放入白糖拌匀，起锅盛入碗中即可。

口感甜润，富含营养。

妈咪妙招

加入蛋液时，要不停地搅拌，以免蛋液沉底；淀粉保存时间长，颜色会由微红变为红褐色，这不是变质，不妨碍食用。

营养分析

玉米富含铁、钙等微量元素，还含有植物蛋白质、维生素以及淀粉，有明显的补益气血、增强人体免疫力的作用。

冬瓜蛋花汤

适合8个月以上的宝宝

原材料

冬瓜50克、鸡蛋1个。

调味料

盐、胡椒粉各2克，高汤200克。

做　法

1. 将冬瓜去皮，去籽，洗净，切小丁；鸡蛋磕入碗中，搅散成蛋液。
2. 锅中注入适量高汤烧开，放入冬瓜丁煮至熟软时，倒入蛋液迅速划散。
3. 调入盐、胡椒粉拌匀即可。

营养分析

冬瓜含维生素C较多，且钾盐含量高，钠盐含量较低，有清热、化痰、解渴等功效。因其还含有丙醇二酸，能有效抑制糖类转化为脂肪，有预防人体发胖，增进健美的功效。

妈咪妙招

应挑选皮较硬、肉质密的冬瓜，做出来的汤品口感更好。

原材料

胡萝卜50克、配方奶100克。

调味料

蜂蜜、炼奶各适量。

做　法

1. 将胡萝卜去皮，洗净，切成小段。
2. 把切好的胡萝卜段放入沸水锅中煮至变软时捞出；将胡萝卜放入搅拌机中搅成泥状。
3. 再将胡萝卜泥与配方奶一起搅拌煮开。
4. 盛出来后，加入蜂蜜拌匀，滴上少许炼奶即可。

奶香胡萝卜糊

适合8个月以上的宝宝

妈咪妙招

不建议在牛奶中添加米糊、米粉，否则会破坏牛奶中的维生素A。

营养分析

在宝宝的喂养上，胡萝卜是一种十分常见的食材。加入蜂蜜，能帮助宝宝消化，改善口感。

第3章

9个月~1岁 可以添加鱼、肉及更多食物了

法式薄饼

适合10个月以上的宝宝

这是一道适合宝宝春季吃的美食！

原材料

面粉150克、牛奶200毫升、鸡蛋2个。

调味料

奶油、白糖、植物油各适量。

做　法

1. 将鸡蛋打散，和白糖混合拌匀后，加入面粉和一半的牛奶一起拌匀。
2. 拌匀后再加入植物油，与另一半的牛奶拌匀。
3. 将平底锅抹上植物油后加热，再舀入锅中，煎至一面产生金黄色纹路时翻面，翻面稍候即可起锅。

煎的时候要用小火慢煎，且翻面不要太勤，以免破碎，不整齐。

鸡蛋饼含有磷、锌、铁，这些营养成分都是人体必不可少的，而且口感润滑、细嫩，且营养丰富。

愤怒的小鸟

适合10个月以上的宝宝

原材料

鸡蛋3个、木瓜子4颗，辣椒少许。

调味料

沙拉酱15克、胡椒粉2克。

做 法

1. 鸡蛋入锅煮熟，去壳；辣椒洗净，切成三角形。
2. 将鸡蛋大头切掉一块，以便鸡蛋能够直立起来。
3. 用刀将鸡蛋小头部分的蛋白切下来，再刻出波纹的样子。
4. 取蛋黄，盛入碗中，加入沙拉酱、胡椒粉拌匀。
5. 将调好的蛋黄盛入大的那部分蛋白中，盖上先前切下来的那块小蛋白，再用木瓜子装饰成眼睛，用辣椒片装饰成嘴巴即可。

营养分析

鸡蛋中含有大量卵磷脂及多种微量元素，能促进宝宝大脑发育，强健体质。1岁前的宝宝只能吃鸡蛋黄，要从开始的1/4逐渐增加到1/2，最后是一整个。

妈咪妙招

在煮鸡蛋的时候加少许盐，剥壳的时候就会很完整。

香橙蛋糕

适合10个月以上的宝宝

色、香、味俱全，营养又可口。

原材料

面粉、麦激凌各100克，糖粉40克，果珍粉40克，鸡蛋2个，泡打粉2克，吉士粉10克，葡萄干少许。

做 法

1. 将麦激凌、糖粉和果珍粉互相混合搅松，然后磕入一个鸡蛋，顺着一个方向搅拌。
2. 再加入面粉、泡打粉、吉士粉一起拌匀，再磕入一个鸡蛋搅匀。
3. 加入泡过水的葡萄干。
4. 装入模具进行烘烤，以上火为190℃，下火为200℃，烤约15分钟即可。

每次混合面团的时候，鸡蛋液要分次少量加入，并分次搅拌均匀，以免造成蛋花变硬状态。最后也可在表面刷上一层果胶，令蛋糕更加香甜。

散发着香橙清香的蛋糕，质感松软，颜色金黄诱人，酸酸甜甜，制作起来也非常简单。吃着吃着，忽然出现的葡萄干让宝宝更是惊喜不已，爱不释手。

银耳枸杞羹

适合10个月以上的宝宝

原材料

银耳30克，枸杞适量，红樱桃1颗。

调味料

冰糖少许。

做 法

1. 将银耳放入温水中浸泡，待其发透后择去蒂头，洗净；再将枸杞洗干净。
2. 将银耳撕成片状，放入锅内，注入清水煮沸后，再用小火煎熬约半小时。
3. 加入冰糖和枸杞，直至银耳炖烂，汤汁浓稠，起锅盛入碗中，以红樱桃装饰即可。

妈咪妙招

泡银耳时，也可滴两滴食用油，这样煮出来的银耳口感会更好。

营养分析

银耳含有丰富的胶质、无机盐、氨基酸、酸性异多糖，能增强免疫功能，起到扶正固本的作用。枸杞益精明目，可以用于治疗腰膝酸痛、眩晕耳鸣、内热消渴。

梨汁玉米糊

适合10个月以上的宝宝

原材料

玉米粉20克、香梨100克，葡萄干少许。

做 法

1. 将香梨去皮，去核，洗净，放入榨汁机中搅拌，再过滤取汁备用。
2. 在玉米粉中加入适量温开水，搅拌成糊状。
3. 锅中注入适量清水烧开，加入玉米糊和梨汁，边煮边搅匀，煮开后盛入碗中，以葡萄干装饰即可。

妈咪妙招

也可以将榨过的香梨肉一同加入。

营养分析

梨肉有清热解毒、润肺生津、止咳化痰等功效，生食、榨汁、炖煮，对宝宝肺热咳嗽、麻疹等症都有较好的治疗效果。玉米糊中含有丰富的B族维生素，果胶含量也很高，有助于宝宝消化，通利大便。

黄桃牛奶热饮

适合10个月以上的宝宝

原材料

黄桃40克、热牛奶200克。

调味料

白糖适量。

做　法

1. 将黄桃洗净，切块，放入搅拌机中搅拌半分钟。
2. 再加入热牛奶搅拌半分钟，一杯香浓美味的黄桃牛奶热饮就做好了。

黄桃含有丰富的维生素C和大量的人体所需要的纤维素、胡萝卜素、番茄黄素、红素及多种微量元素，如硒、锌等含量均明显高于其他普通桃子，还含有苹果酸、柠檬酸等成分。黄桃加上牛奶不仅酸甜美味，更有利于钙质吸收。

妈咪妙招

还可以在其中适量加入一些宝宝爱吃的水果，效果会更好。

原材料

猪肝100克，菠菜30克，番茄、胡萝卜各40克。

调味料

姜5克、盐2克、鸡精1克、料酒4克。

做　法

1. 将姜去皮，洗净，切末；猪肝洗净，切末，加盐、料酒、姜末腌制；菠菜洗净，焯水后捞出，切碎；番茄洗净，切碎；胡萝卜去皮，洗净，切末。
2. 锅内入油烧热，放入肝末稍炒后盛出。
3. 锅中留油烧热，放入番茄、胡萝卜稍炒后，加入菠菜、肝末翻炒片刻。
4. 调入鸡精炒匀，起锅盛入碗中即可。

彩色肝末

适合1岁的宝宝

色泽鲜艳，松软可口。

妈咪妙招

菠菜焯水可去除其中的大部分草酸。

营养分析

猪肝中含有丰富的维生素A、维生素B_2、铁等元素，有补肝、明目、养血的功效，经常给宝宝食用，可令其视力更佳。

欢乐鱼丸

适合1岁的宝宝

原材料

新鲜青鱼丸200克。

调味料

鸡汤适量，胡萝卜丁少许，盐、鸡精、水淀粉各适量。

做　法

1. 将锅内注入适量鸡汤烧开，放入青鱼丸，大火煮约15分钟。
2. 再加入胡萝卜丁同煮片刻，调入盐、鸡精拌匀，以水淀粉勾芡即可。

营养分析

青鱼中除含有丰富蛋白质、脂肪外，还含有丰富的硒、碘等人体所需的微量元素。鱼丸营养丰富，具有滋补健胃、利水消肿、清热解毒、止嗽下气的功效。与保持鸡肉原有的营养成分的鸡汤同煮，口味更自然醇香，肉脂味浓郁。

妈咪妙招

这道菜的鲜味还需依靠鸡汤，所以不可以用清水代替。

原材料

松仁、胡萝卜、玉米粒各50克，黄瓜200克。

调味料

盐2克、生抽4克。

做　法

1. 将胡萝卜去皮，洗净，切成小丁；黄瓜洗净，取部分切成小丁，剩余部分切段，挖空中心，留底，做成小桶状，摆入盘中；玉米粒洗净。
2. 再将胡萝卜与玉米粒焯水后捞出。
3. 锅内加入植物油烧热，放入黄瓜丁、玉米粒、胡萝卜丁翻炒片刻，调入盐、生抽炒匀。下入松仁稍炒，起锅盛入盘中即可。

妈咪妙招

松仁富含油质，所以做这道菜时不要放太多油；如果松仁有不新鲜的味道，说明其中的油脂已经氧化，不能再食用。

松仁玉米

适合1岁的宝宝

色、香、味俱全，用黄瓜做成的绿色小桶非常精致。

营养分析

松仁中含有人体必需的多种营养素，如维生素E、脂肪酸、铁、锌等微量元素，是健脑食物，对宝宝很有益。

西蓝花圣诞树

适合1岁的宝宝

将西蓝花做成圣诞树的样子，下面的豆腐看起来像是冬天的白雪，非常美观，可以引起宝宝的食欲。

原材料

西蓝花250克，豆腐100克，嫩豌豆、玉米粒各15克，圣女果20克。

调味料

盐3克。

做 法

1. 将西蓝花掰成小朵，洗净，放入加有盐的沸水锅中焯水后捞出；圣女果洗净，切成两半。
2. 嫩豌豆、玉米粒均洗净，焯水后捞出；豆腐稍洗，焯水后捞出，用匙子压碎。
3. 再将西蓝花盛入盘中，堆成三角形，将豆腐碎摆在西蓝花周围。
4. 将嫩豌豆、玉米粒撒在西蓝花和豆腐上，再用圣女果点缀即可。

营养分析

西蓝花中的营养十分丰富，主要包括蛋白质、碳水化合物、脂肪、矿物质、维生素C和胡萝卜素等。此外，西蓝花中矿物质成分也比其他蔬菜更全面，钙、磷、铁、钾、锌、锰等含量都很丰富，非常适合宝宝食用。

妈咪妙招

也可选用其他青菜来点缀。

葱香藕片

适合1岁的宝宝

原材料

莲藕150克。

调味料

姜8克、葱6克、黄豆酱10克，白醋适量。

做 法

1. 将莲藕去皮，洗净，切片，再放入加有白醋的清水中浸泡10分钟；姜去皮，洗净，切丝；葱洗净，切葱花。
2. 锅中倒入油烧热，放入姜丝炒香后，加入葱花稍炒，倒入藕片翻炒两分钟。
3. 调入盐、黄豆酱续炒3分钟至藕片熟透，起锅盛入盘中即可。

妈咪妙招

藕片用清水冲洗，可以去除多余的淀粉；用白醋水浸泡，可防止其氧化变色。

营养分析

藕中含有淀粉、蛋白质、天门冬素、维生素C以及氧化酶等成分，含糖量也很高，能清热解烦、解渴止呕、健脾开胃。

凉拌双耳

适合1岁的宝宝

这道菜柔嫩鲜美、清淡爽口。

原材料

黑木耳、银耳各20克，香菜10克，胡萝卜8克。

调味料

盐2克、白糖4克、柠檬汁8克、香油5克。

做 法

1. 将黑木耳、银耳均用温水泡发，洗净，撕成小片，放入沸水锅中焯水后捞出，沥干水分；香菜洗净，切碎；胡萝卜洗净，切丝。
2. 再将盐、白糖、柠檬汁、香油调匀成味汁。
3. 把黑木耳、银耳、香菜、胡萝卜同拌，倒入味汁拌匀即可。

营养分析

银耳富含维生素D，能防止钙的流失，对宝宝生长和发育十分有益，因其还富含硒等微量元素，可以增强宝宝免疫力。

妈咪妙招

黑木耳、银耳焯水时，一定要将浮沫去除，以免影响成菜的美观及口感。

番茄白菜炒豆腐

适合1岁的宝宝

原材料

豆腐、白菜各100克，番茄50克。

调味料

盐、胡椒粉各2克，生抽、香油各4克。

做　法

1. 将白菜洗净，切丝；番茄洗净，切小块；豆腐稍洗，切方块，放入加有盐的沸水锅中焯水后捞出。
2. 锅中加入油烧热，放入豆腐，以小火慢煎至两面均呈金黄色，加入番茄稍炒后，再放入白菜同炒。
3. 调入盐、胡椒粉、生抽炒匀，淋入香油，起锅盛入盘中即可。

切大白菜时，宜顺丝切，这样大白菜易熟；豆腐在焯水和拌炒时，动作要尽量轻一些，以免将其弄碎，影响成菜外观。

白菜营养丰富，除含糖类、脂肪、蛋白质、粗纤维、钙、磷、铁、胡萝卜素、硫胺素、烟酸外，还含有丰富的维生素，可增强宝宝的抵抗力。

肉松娃娃饭团

适合1岁的宝宝

原材料

米饭80克，肉松、海苔、小香肠、胡萝卜各适量。

做 法

1. 将胡萝卜洗净；米饭团成圆形饭团，用来做娃娃的脸。
2. 用肉松盖在饭团的上半部分，做娃娃的头发。
3. 切两片小香肠做娃娃的红脸蛋，用胡萝卜做一个蝴蝶结形状装饰头发。
4. 最后，用干净的剪刀裁剪海苔，装饰眼睛和嘴巴，一个可爱的肉松娃娃饭团就诞生了。

肉松不能受潮，也不能放入冰箱保存。每次取用时，要用干燥的筷子，不得沾带水汽。

米饭的主要成分是碳水化合物，米饭中的蛋白质主要是米精蛋白，氨基酸的组成比较完全，易于被宝宝消化吸收。肉松富含碳水化合物、叶酸、硫胺素、核黄素、烟酸、维生素E、钙、磷、钾等营养成分，有利于宝宝的成长。

蛋糕饭团

适合1岁的宝宝

原材料

红薯100克、米饭150克、海苔1张、白芝麻5克。

调味料

盐2克、白糖10克、白醋20克。

做　法

1. 将红薯去皮，洗净，放入锅中蒸熟后取出，晾凉后切圆片；海苔剪成细条；盐、白糖、白醋调匀成寿司醋。
2. 将米饭与寿司醋拌匀，用手捏成和红薯片差不多大的圆饭团。
3. 在每个饭团上放上一片蒸好的红薯，用海苔条与芝麻装饰即可。

妈咪妙招

红薯中含有单宁和氧化酶，这些元素遇到铁器就会变成褐色，所以要避免让红薯接触铁器；红薯一定要蒸熟透，因为红薯中淀粉的细胞膜不经高温破坏，难以消化。

营养分析

红薯中含有丰富的淀粉、膳食纤维、胡萝卜素、维生素以及钾、铁、铜、硒、钙等10余种微量元素和亚油酸等，营养价值很高，能刺激肠道，增强蠕动，通便排毒，还可增强宝宝的免疫力。

熊猫饭团

适合1岁的宝宝

原材料

米饭150克、海苔1张、鸡胸肉50克、胡萝卜30克。

调味料

盐、胡椒粉各2克，沙拉酱5克。

做 法

1. 将鸡胸肉洗净，剁成末，加盐、胡椒粉腌制；胡萝卜去皮，洗净，切小丁。
2. 锅中加入油烧热，放入鸡胸肉、胡萝卜炒熟后盛出。
3. 将米饭捏成饭团，压扁，放入炒好的鸡胸、胡萝卜，分别包成两个小饭团和一个大饭团。
4. 将海苔分别剪成熊猫的耳朵、眼睛、嘴巴的形状。
5. 插在饭团上即可。

营养分析

海苔是很多宝宝都喜欢吃的食物，其中浓缩了紫菜中的B族维生素，特别是核黄素和烟酸的含量十分丰富，还有不少维生素A、维生素E和少量的维生素C，有利于宝宝的健康成长。

妈咪妙招

团饭团时一定要轻柔，否则米饭很容易散乱。

香菇鸡肉粥

适合1岁的宝宝

原材料

大米50克，鸡胸肉40克，香菇10克，胡萝卜、芹菜各30克。

调味料

盐2克、香油4克。

做 法

1. 将大米淘洗干净；鸡胸肉洗净，切小粒；香菇用温水泡发，洗净，切小丁；胡萝卜去皮，洗净，切碎粒；芹菜洗净，切碎粒。
2. 将大米盛入锅中，注入适量清水以大火烧开，改用小火煮约20分钟。
3. 待粥黏稠时，加入鸡胸肉、香菇、胡萝卜拌匀，续煮15分钟。
4. 放入芹菜稍煮，调入盐、香油拌匀。

味道鲜美，软烂适中，营养丰富。

妈咪妙招

在续煮时，要不停地用匙子搅拌，以免糊锅底。

营养分析

香菇是高蛋白、低脂肪、多糖、多种氨基酸和多种维生素的菌类食物，与鸡肉搭配，营养又健康，适合宝宝食用。

香浓八宝粥

适合1岁的宝宝

原材料

大米25克，薏米、紫糯米各20克，红豆、绿豆、红腰豆、芡实、莲子、花生各15克，枸杞10克，黑芝麻8克。

做 法

1. 将除枸杞外的所有材料用清水浸泡30分钟，洗净；枸杞洗净。
2. 锅中注入适量清水烧开，放入浸泡好的材料，以大火煮至再次水开，转小火煮20分钟。
3. 加入枸杞，用匙子搅拌均匀。
4. 续煮约10分钟后，起锅盛入碗中即可。

妈咪妙招

材料提前浸泡30分钟后会膨胀，既可节省煮粥的时间，又可使粥的口感更好；待水烧开之后再下米煮粥，可以防止粥在熬煮时糊锅底。

营养分析

八宝粥的原料是谷类与豆类的混合，能充分发挥蛋白质的互补作用。坚果是营养价值较高的食物，其特点是低水分、高能量，且富含各种矿物质和B族维生素。

菠菜鸡蓉粥

适合1岁的宝宝

原材料

大米50克、鸡肉80克、菠菜40克。

调味料

盐2克、香油4克。

做 法

1. 将大米淘洗干净；鸡肉洗净，剁成蓉；菠菜洗净，切段，焯水后捞出。
2. 将大米盛入锅中，注入适量清水以大火烧开，再以小火熬煮成粥。
3. 加入鸡肉续煮6分钟，再放入菠菜煮片刻，调入盐、香油拌匀即可。

制作时，米要煮烂，熬至糊稠方可。

鸡肉口感细嫩，含有丰富的氨基酸、铁元素，是营养价值极高的食物，有利于宝宝的生长发育。

番茄肉酱面

适合1岁的宝宝

原材料

面条30克、番茄25克、青椒15克、猪肉40克。

调味料

盐2克、生抽8克。

做　法

1. 将番茄洗净，去皮，切小粒；青椒洗净，切碎；猪肉洗净，剁成肉末。
2. 面条放入沸水锅中煮至熟软时捞出，切成段，盛入碗中。
3. 锅内加入油烧热，放入番茄、青椒炒香，注入适量高汤，加入肉末一起焖煮，调入盐拌匀。
4. 将煮好的番茄肉酱倒在面条上即可。

此面酸甜鲜香，含有丰富的蛋白质、脂肪、钙、铁及维生素A、维生素B_1、维生素C等多种营养元素。

煮面条时要在水还没有完全沸腾时下入面条，然后用中火慢煮，在煮沸时要加入少许冷水，这样煮出来的面条更加劲道，不会出现表面糊烂而中间有硬心的现象。

奶香番茄煎包

适合1岁的宝宝

原材料

糯面粉100克，牛奶20克，鸡蛋1个，圣女果40克，白糖适量。

做 法

1. 将鸡蛋磕入碗中，搅匀；在面粉中加入白糖、鸡蛋、牛奶和匀，搓揉成团，放置10分钟。
2. 再将圣女果洗净，切丁；将面粉团分成若干段，搓圆成包子生坯，再放入锅中，隔水蒸熟后取出。
3. 锅内加入油烧热，将包子依次放入锅中，煎至金黄色出锅，再撒上一些圣女果丁即可。

煎包子时要掌握好火候。

牛奶是宝宝爱喝的营养品之一，鸡蛋所含的营养物质种类相当齐全，圣女果中含有谷胱甘肽和番茄红素等特殊物质。将三者与面粉一同做成包子给宝宝食用，可促进宝宝的生长和发育，增强抵抗力。

肉末豆腐羹

适合1岁的宝宝

原材料

土豆100克，猪肉、豆腐各50克，胡萝卜、香菇各40克。

调味料

盐5克、胡椒粉3克、水淀粉30克。

做 法

1. 将土豆去皮，洗净，切小块，放入锅中蒸熟后取出，捣成泥状。
2. 猪肉洗净，剁成肉末；香菇去蒂，洗净，切小粒；胡萝卜去皮，洗净，切小粒；豆腐稍洗后捣碎。
3. 锅中注入适量清水烧开，倒入土豆泥搅匀，加入胡萝卜粒、香菇粒、肉末、豆腐煮熟。
4. 调入盐、胡椒粉拌匀，以水淀粉勾芡后，起锅盛入碗中即可。

这道肉末豆腐羹营养丰富，是优质蛋白质、B族维生素和矿物质、磷脂的良好来源。

在勾芡时，芡汁不要勾得过稠，也不宜太稀。

肉片豆腐汤

适合1岁的宝宝

原材料

猪肉、豆腐各80克，香菜20克。

调味料

盐、胡椒粉各2克，料酒4克。

做 法

1. 将猪肉洗净，切小片，加盐、胡椒粉、料酒腌制；豆腐稍洗后切小丁；香菜洗净，切段。
2. 锅置火上，注入适量清水以大火烧开，放入豆腐煮约10分钟，再加入肉片同煮至熟。
3. 最后放入香菜煮至断生即可。

妈咪妙招

加入肉片后，稍煮即可，否则肉质易老。

营养分析

豆腐的营养价值不低于牛奶。黄豆中的蛋白质可与动物蛋白媲美。而豆腐是黄豆的制成品。它含有人体所需的多种营养成分，是一种既富于营养又易于消化的食品。 不过它不含肉类所含的脂肪和氨基酸，因此，豆腐与肉类合理搭配才更有营养。

鲜虾蛋饺汤

适合1岁的宝宝

原材料

鸡蛋2个、虾仁50克、上海青40克。

调味料

盐3克。

做　法

1. 将虾仁洗净，剁碎，加盐拌匀；鸡蛋磕入碗中，加盐搅散成蛋液；上海青洗净。
2. 锅中注入油烧热，倒入适量蛋液，在蛋液尚未完全凝固时，加入适量虾仁，将蛋皮对折，再翻面煎1分钟，盛出，一个蛋饺就做成了；如此重复，将剩余材料做成多个蛋饺。
3. 锅内注入适量清水烧开，调入盐拌匀，放入蛋饺、上海青，续煮至沸腾后，起锅盛入碗中即可。

营养分析

鸡蛋中含有丰富的蛋白质、脂肪、卵磷脂、钙、铁等营养成分，可以促进宝宝骨骼生长，增强宝宝自身的免疫力；上海青中含有大量膳食纤维和植物纤维素，非常适合宝宝食用。

妈咪妙招

做蛋饺的关键在于蛋皮，要把握好火候。

缤纷绿豆沙

适合1岁的宝宝

绿豆沙非常细腻易消化，点缀上缤纷的水果更适合宝宝适用。

原材料

绿豆100克，西瓜丁、猕猴桃片、杧果丁各适量。

调味料

白糖适量。

做　法

1. 将绿豆浸泡20分钟后，洗净，放入锅中煮熟，再继续用小火焖到熟透。
2. 捞起绿豆，用搅拌机把绿豆搅成很细的绿豆沙。
3. 将绿豆沙盛入碗中，加入西瓜丁、猕猴桃片、芒果丁和白糖即可。

绿豆在煮的时候会涨发，要吸收很多水分，所以煮绿豆时要加入足够的水，以免糊锅。冰镇后的绿豆沙加上冰凉的水果丁，既解暑又美味。

绿豆性甘凉，能消暑益气，在人体出汗多的夏季，不仅能补充水分，还能及时补充矿物质。西瓜、猕猴桃、杧果都含有非常丰富的维生素C，对提高宝宝的免疫力有重要作用。

第4章

1~1.5岁
让宝宝试吃大人的饭

火腿蛋松

适合1岁以上的宝宝

原材料

鸡蛋3个、火腿1根、西蓝花50克、红椒1/2个。

调味料

盐、白糖各适量。

做　法

1. 将火腿、西蓝花、红椒分别洗净，切细末。
2. 鸡蛋敲破打在碗中，将火腿、西蓝花、红椒末加入，用筷子轻轻打散，注意不要让蛋液起泡沫。
3. 加入盐、白糖，搅拌均匀。
4. 锅中添油，烧到温热后，转小火，将蛋液一边倒入锅中，一边用筷子不停地拌。
5. 一直搅拌到蛋液凝固、水汽收干、蛋粒蓬松时，关火盛起。

妈咪妙招

搅拌鸡蛋的时候始终要记得，不要让蛋液起泡沫。

营养分析

蔬菜和鸡蛋一起烹饪，非常适合正在长身体的宝宝食用。

调皮鹌鹑蛋

适合1岁以上的宝宝

原材料

鹌鹑蛋6个。

调味料

盐、白糖、番茄酱各适量。

做　法

1. 将鹌鹑蛋煮熟后去壳，盛入碗中。
2. 炒锅内加入番茄酱、盐、白糖和少许水煮开，起锅淋在鹌鹑蛋上即可。

鹌鹑蛋外观小巧，营养价值很高。它含有丰富的蛋白质、脑磷脂、卵磷脂、赖氨酸、胱氨酸、维生素A、维生素B_2、维生素B_1、铁、磷、钙等营养物质，能增强宝宝的抵抗力。

煮好的鹌鹑蛋过一下凉水，再轻轻把壳捏碎，更容易去壳。

太阳花蛋

适合1岁以上的宝宝

原材料

鸡蛋2个，豌豆少许。

调味料

盐适量。

做　法

1. 将鸡蛋磕入碗中，搅散，加入少许盐搅匀；豌豆洗净，放入沸水锅中煮熟后捞出。
2. 锅内加入油烧热，倒入鸡蛋液摊成金黄色的蛋皮，盛出。
3. 将部分蛋皮切条，部分蛋皮切尖角片，再摆成太阳花的形状，点缀上豌豆即可。

妈咪妙招

可以依据宝宝的口味，在蛋液中加入适量胡椒粉，成品会更香。

营养分析

鸡蛋营养丰富，对大脑和神经系统发育有益，蛋白中蛋白质含量充足。豌豆所含的止权酸、赤霉素和植物凝素等物质，具有抗菌消炎，增强人体新陈代谢的功能。

可爱幸福兔

适合1岁以上的宝宝

营养分析

相信再挑食、再不爱吃鸡蛋的宝宝看到这么可爱的鸡蛋，也会胃口大开吧，吃下去的感觉应该也与平常不同，充满了幸福的味道。

原材料

鸡蛋2个。

调味料

红椒少许。

做 法

1. 将鸡蛋放入锅中，煮8分钟至熟，捞出放在冷水中浸凉后，剥壳备用。
2. 在鸡蛋的侧面切下一片蛋白。
3. 再切下两边当兔子的耳朵；在鸡蛋小头的1/3处切条沟，再装上耳朵。
4. 将红椒洗净，切成极小的粒，用来做眼睛及嘴巴。
5. 一起将红椒粒贴在鸡蛋上，做好眼睛和嘴巴，一只可爱的兔子就做好了。

妈咪妙招

在小头处切沟时，千万不要切得太深，也不要切得太宽，否则耳朵就不好固定了，用辣椒做眼睛的时候，要将里面的肉质削去，这样才能粘得稳，不会掉下来。

鲜肉小馄饨

适合1岁以上的宝宝

原材料

馄饨皮500克、猪肉馅儿400克、青菜100克。

调味料

盐8克，酱油、香油各5克。

做　法

1. 把猪肉馅儿放入碗中，加生抽和水搅拌至有黏性，再倒入少许香油拌匀。
2. 青菜洗干净，切成段。
3. 取一张馄饨皮，中间放适量肉馅儿，沿对角线方向捏紧，再把两个尖角捏合。
4. 煮锅中加水烧开，水开后下入馄饨煮至浮起来，再加入青菜煮片刻，用盐调味即可。

妈咪妙招

肉馅儿一定要朝着一个方向搅拌，才能打上劲。煮馄饨的时候要水沸后放入馄饨，水再次沸腾时加入一碗凉水，如此三次，煮出来的馄饨才好吃。

营养分析

这道鲜肉小馄饨含有优质蛋白质、碳水化合物、维生素和钙、铁、磷、钾、镁和必需的脂肪酸，并提供血红素（有机铁）和促进铁吸收的半胱氨酸，改善缺铁性贫血，具有补肾养血、滋阴润燥的功效。

鲜榨木瓜汁

原材料

木瓜1个。

调味料

蜂蜜适量。

做 法

1. 将木瓜去皮，去籽，切成小块，放入榨汁机中榨汁，滤渣。
2. 再加入蜂蜜，搅拌均匀，倒入杯中即可。

木瓜富含17种以上氨基酸及钙、铁等，还含有木瓜蛋白酶、番木瓜碱等。其维生素C的含量非常丰富，半个中等大小的木瓜足供成人整天所需的维生素C。木瓜取汁，可以给宝宝补充丰富的维生素。

如果是夏天，加入几粒冰块一起榨汁会更清凉可口。

猕猴桃汁

适合1岁以上的宝宝

原材料

猕猴桃3个。

调味料

蜂蜜适量。

做　法

1. 将猕猴桃削去外皮，切成小块，放入榨汁机中。
2. 加入适量水和蜂蜜一起搅拌均匀，倒出即可。

一定要选用熟透的猕猴桃来制作。

猕猴桃含有多种维生素、氨基酸及锌、铁、铜等微量元素，并含有大量的果胶，热量低，很适合宝宝饮用。多吃猕猴桃还可以预防宝宝的铅超标。

凤凰鲜奶糊

适合1岁以上的宝宝

色泽耀眼，香甜、细滑、浓稠。

原材料

鲜牛奶1盒，鸡蛋2个。

调味料

白糖适量。

做　法

1. 将鸡蛋磕破，将蛋白和蛋黄分离，只取蛋黄。
2. 蛋黄中加入两小匙白糖，用打蛋器打匀。
3. 鲜牛奶倒入小锅中，用小火加热，一边慢慢倒入打好的蛋黄糊，一边不停地用匙子顺时针搅拌。
4. 一边搅拌一边仔细观察，感觉牛奶快到沸腾时马上离火。

营养分析

此甜品含有牛奶和鸡蛋的双重营养，对于宝宝来说是不可多得的营养佳品。

妈咪妙招

火不要开得太大，以免烧煳。

香滑核桃米浆

适合1岁以上的宝宝

原材料

核桃仁200克、红米50克、牛奶150克。

调味料

冰糖适量。

做　法

1. 将核桃仁先用温水浸泡半天，然后剥去外面的一层外衣。
2. 红米洗净，用清水浸泡两小时以上或者半天。
3. 将核桃仁、红米再加上一杯清水放入搅拌机里打成核桃米浆，再用筛子过滤。
4. 把过滤出的细腻的米浆倒入小锅里，再加入牛奶，放几粒冰糖，大火煮开，煮5分钟即可。

妈咪妙招

红米浸泡的时间久一点，榨出来的浆会更浓。

营养分析

足够的膳食纤维、蛋白质能带来饱腹感，促进肠胃健康。

彩色小饭团

适合1岁以上的宝宝

原材料

米饭1碗，橙子、豌豆、紫薯各适量。

调味料

寿司醋、糖各适量。

做 法

1. 将橙子、豌豆、紫薯分别煮熟，加适量温开水放入榨汁机中榨取汁液备用。
2. 米饭趁热加入少许寿司醋和糖搅拌，然后再分别蘸上橙汁、豌豆汁、紫薯汁做成彩色饭团即可。

营养分析

除了可以用玉米粒和豌豆外，还可以用菠菜、紫甘蓝、黑芝麻、花生来做哦！把这些材料分别切碎了，捏好了饭团，在碎末上滚滚，就成了美味可口的五彩小饭团咯！妈妈可以试试看！

妈咪妙招

如果家里有小熊、三角、心形的模型也不错，更能吸引宝宝吃饭的兴趣哦！

番茄鸡丸

适合1岁以上的宝宝

原材料

鸡胸肉 200克、鸡蛋1个、松仁10克，西蓝花少许。

调味料

淀粉30克、番茄酱15克、白糖5克、盐2克。

做 法

1. 将鸡胸肉洗净，剁碎，盛入碗中，加入蛋清、盐和淀粉，混合搅拌均匀，备用。
2. 将鸡肉挤成丸子，下入开水锅中煮熟后，捞出；西蓝花洗净，用开水烫一下，备用。
3. 中火加热油，放入松仁翻炒一下，随后放入番茄酱、白糖一同搅匀，投入鸡肉丸和西蓝花，一起翻炒均匀，最后勾芡即可。

妈咪妙招

做丸子的时候尽量做得圆一点，但不要太大。

营养分析

鸡肉和牛肉、猪肉比较，其蛋白质的质量较高，脂肪含量较低。此外，鸡肉蛋白质中富含全部必需的氨基酸，其含量与蛋、乳中的氨基酸谱式极为相似，因此为优质的蛋白质来源。

翡翠蝴蝶面

适合1岁以上的宝宝

原材料

四季豆、红椒各15克，蝴蝶面50克。

调味料

盐、葱末、蒜末、番茄酱、植物油各适量。

做 法

1. 将四季豆择洗干净，切小段，用沸水焯熟。
2. 红椒洗净，去蒂，去籽，切小丁。
3. 锅中放油烧热，放入葱末、蒜末、红椒丁煸炒几下。
4. 加水煮沸，下入蝴蝶面、番茄酱同煮。
5. 面条煮熟后，放入四季豆煮沸，加盐调味即可。

蝴蝶面的主要营养成分有蛋白质、碳水化合物等，营养成分随辅料的品种和配比而异。蝴蝶面易于消化吸收，有改善贫血、增强免疫力、平衡营养吸收等功效。

妈咪妙招

妈妈在做四季豆时必须充分加热，彻底煮熟。

趣味胡萝卜

适合1岁以上的宝宝

原材料

胡萝卜2根，鸡蛋2个，甜玉米粒、豌豆粒各适量。

调味料

葱花、姜汁、盐各适量。

做　法

1. 将胡萝卜去皮，洗净，切成片。
2. 玉米粒和豌豆粒洗干净，入锅煮熟，捞出备用。
3. 炒锅置火上，倒油烧热，用葱花炝锅。
4. 放入胡萝卜翻炒，滴入姜汁，加盐调味，炒熟后即可出锅。
5. 把胡萝卜片整齐地摆放成头发形状。
6. 再把玉米粒摆放在胡萝卜片上，豌豆粒做成眼睛的形状即可。

妈咪妙招

妈妈还可以自由发挥自己的创意，做成各种形状，来激发宝宝的食欲哦！

营养分析

胡萝卜有红、黄两种颜色，黄的胡萝卜比红的胡萝卜营养价值高，一般在冬、春两季上市。胡萝卜味甘、性平；入肺、脾经；具有健脾消食、润肠通便、杀虫、明目等功效。

小兔磨牙饼干

适合14个月以上的宝宝

原材料

鸡蛋1个，低筋面粉100克，高筋面粉、糖粉、黄油各50克，奶粉30克。

做　法

1. 将黄油软化，再将糖粉和奶粉过筛到黄油中。
2. 混合后把黄油糊打发呈乳白色，将鸡蛋磕入碗中搅匀，分两次慢慢倒入黄油糊中拌匀。
3. 筛入低筋面粉和高筋面粉，用刮刀将干粉完全和黄油糊混合，揉成表面光滑的面团。
4. 将拌好的面糊盖上保鲜膜，放入冰箱冷藏松弛30分钟。
5. 把烤箱预热到180℃，放入烤盘，烤约15分钟，直到兔子饼干表面变为焦黄色时取出即可。

妈咪妙招

用饼干模子压出形状时，为了面团不会粘在模子上，也可以先把模子蘸上面粉，再压出形状。

营养分析

面粉富含蛋白质、碳水化合物、维生素和钙、铁、磷、钾、镁等矿物质，有养心益肾、健脾厚肠、除热止渴的功效。适宜宝宝食用，尤其是挑食的宝宝。

红烧狮子头

适合15个月以上的宝宝

原材料

猪肉馅儿300克、鸡蛋1个、荸荠100克。

调味料

姜、葱、盐、酱油、料酒、淀粉、冰糖、胡椒粉各适量。

做　法

1. 将荸荠去皮，洗净，剁碎；鸡蛋磕入碗中，搅散；姜去皮，洗净，切末；葱洗净，切末。
2. 将肉馅儿中加入鸡蛋液、荸荠末、姜末、葱末、盐、胡椒粉、料酒，搅拌均匀。
3. 加入淀粉，将肉馅儿稍微搅拌上劲，再用手挤出肉团，捏握成圆形肉丸。
4. 锅内倒入油烧热，放入肉丸炸至金黄色时捞出。
5. 锅中留少许油加热，放入肉丸，调入酱油、冰糖、盐，注入少许清水，煮至冰糖溶化，以大火收汁即可。

红润油亮，
味香诱人。

营养分析

狮子头由猪肉做成。猪肉含有丰富的优质蛋白质和必需的脂肪酸。荸荠中含的磷是根茎类蔬菜中最高的，可促进体内的糖、脂肪、蛋白质三大物质的代谢，调节酸碱平衡，因此非常适合于宝宝食用。

咖喱土豆胡萝卜

适合15个月以上的宝宝

营养丰富，色彩亮丽，开胃消食。

细腻的咖喱、美味的土豆和胡萝卜，保证营养的同时，颜色也非常吸引眼球，还能开胃助食，非常受宝宝的欢迎。

原材料

胡萝卜100克、土豆150克、青豆50克。

调味料

咖喱块2～3块。

做 法

1. 将胡萝卜去皮，切块；土豆去皮，切块。
2. 锅中放入少许油，倒入胡萝卜块和土豆块，煸炒1分钟左右。
3. 倒入100毫升清水，煮开后加入咖喱块煮10分钟，加入青豆收汁即可。

妈咪妙招

咖喱的味道有点重，尽量少放一点，或者加水多煮一会儿，让其味淡一点，也可直接放咖喱粉。

五彩小丸子

适合15个月以上的宝宝

原材料

糯米粉200克，黄瓜、胡萝卜、紫甘蓝各适量。

调味料

可可粉、白糖各适量。

做　法

1. 将黄瓜、紫甘蓝、胡萝卜洗净，分别放入榨汁机中榨汁备用。
2. 将黄瓜汁、胡萝卜汁、紫甘蓝汁分别加入糯米粉中，调匀，分别揉成绿色、橙色、紫色面团，搓成小丸子。
3. 将可可粉和糯米粉混合，加适量开水，揉成咖啡色面团，搓成同样大小的丸子。
4. 将丸子放入锅中煮开，加白糖，旺火煮5分钟，待丸子浮上水面盛出。

妈咪妙招

和面的水一定要达到100℃，否则易导致面团开裂。

营养分析

有些宝宝不爱吃蔬菜，久而久之，宝宝生长发育所需的营养元素就达不到标准，从而造成营养不均衡。这道点心由天然蔬菜和糯米粉精制而成，富含维生素、蛋白质、钙等营养成分。

小兔面包

适合15个月以上的宝宝

富含DHA和卵磷脂、卵黄素，对神经系统和宝宝的身体发育有利，能健脑益智，改善记忆力，并促进肝细胞再生。

原材料

面粉200克、干酵母3克、鸡蛋1个、火腿片1片，青豆适量。

调味料

盐2克、白糖40克、干酵母3克、玉米油10克。

做　法

1. 除玉米油外，所有材料手工混合成团（有一点点黏手），水量添加2/3为宜。
2. 将面团滚圆放入容器内，用保鲜膜盖上，温度在25℃~28℃进行基础发酵，静置30分钟，以用手指戳洞，面团不回弹、不回缩为准。
3. 将面团分成小团，擀平成1厘米的厚度。
4. 粘上耳朵，装上青豆做眼睛，用火腿条摆好嘴巴，小兔就做好了。
5. 烤箱180℃预热，面包表皮刷上蛋液，180℃左右火中层烤10分钟左右即可。

原材料

米饭150克，火腿肠30克，生菜、黄瓜、胡萝卜、玉米粒、红薯各30克，鸡蛋1个，海苔适量。

做　法

1. 将生菜洗净，铺在便当盒里；用保鲜膜制作一个圆形饭团。
2. 用海苔裁剪出嘴巴装饰在饭团上，火腿肠切片作为腮红，黄瓜切片，海苔剪成月亮形装饰成耳朵。
3. 将玉米粒煮熟，红薯蒸熟后切条、蛋皮卷起、海苔卷起胡萝卜条和黄瓜条，分别放入饭盒即可。

青蛙便当

适合16个月以上的宝宝

荤素搭配，口感绝佳，色泽鲜艳。

妈咪妙招

妈妈可以边喂宝宝吃饭，边给宝宝唱与青蛙有关的儿歌。

营养分析

此便当非常可爱，简单的青蛙造型充满了童趣，再搭配上颜色鲜艳的玉米、胡萝卜、黄瓜，还有红薯等杂粮，可以为宝宝补充各种所需的营养。

海鲜寿司

适合16个月以上的宝宝

原材料

米饭150克、蟹肉棒100克、黄瓜80克、鸡蛋1个、海苔30克。

调味料

盐、白糖、白醋各适量。

做 法

1. 将盐、白糖、白醋调成汁，与米饭搅拌均匀备用。
2. 黄瓜洗净，切条；将蟹肉棒蒸熟；鸡蛋磕入碗中搅散，再放入热油锅中摊成蛋皮。
3. 将海苔平铺在竹帘上，把米饭铺在海苔上，注意在海苔的前沿留出少许空隙，便于卷起。
4. 把黄瓜条、蟹肉棒、蛋皮铺在米饭上。
5. 把竹帘从后往前翻至海苔另一端，并用竹帘整形，整卷取出，再平均切分。

营养分析

黄瓜、鸡蛋、海苔、蟹肉棒均含有非常丰富的营养成分，有利于宝宝生长和发育所需养分的摄取。

妈咪妙招

搭配柠檬汁食用，味道更佳。

滑熘鱼片

适合18个月以上的宝宝

原材料

鱼肉300克、黑木耳20克。

调味料

盐3克，胡椒粉2克，料酒、生抽各4克，水淀粉6克。

做　法

1. 将鱼肉洗净，切片，加盐、胡椒粉、料酒、生抽、水淀粉腌制；黑木耳用温水泡发，洗净，撕成小片。
2. 锅中加入油烧热，放入黑木耳，加盐炒熟后，盛入盘中。
3. 热油锅，放入鱼片滑熟，起锅盛入黑木耳即可上桌。

切鱼片的刀要快，否则容易把鱼片弄碎；鱼肉用水淀粉上浆后，成菜更加鲜嫩；鱼片滑油时，油温不宜过高。

鱼肉含有丰富的不饱和脂肪酸、蛋白质等成分，肉质嫩而不腻，既可以开胃又增强食欲。能补充宝宝生长和发育所需的营养。

清蒸鲈鱼

适合18个月以上的宝宝

鲈鱼刺少肉嫩，富含蛋白质、不饱和脂肪酸和多种微量元素，对宝宝体虚、气血不足、倦怠乏力、食欲缺乏等症非常有益。

原材料

鲈鱼1条。

调味料

葱、姜各8克，盐3克，生抽、料酒各4克，香油2克。

做法

1. 将鲈鱼处理干净，在鱼身两面打上花刀，用盐、料酒、生抽抹遍鱼身；姜去皮，洗净，切丝；葱洗净，切段。
2. 将鲈鱼摆入盘中，放上姜丝、葱段，淋上香油，放入锅中，蒸熟后取出。
3. 锅置火上，加入油烧热后，将热油淋在鱼身上即可。

制作这道菜时，蒸熟即可，若时间过长，肉质易老。

玉米炒虾仁

适合18个月以上的宝宝

这道菜色泽鲜亮、鲜甜爽口。

原材料

虾仁150克、玉米粒50克。

调味料

葱、姜各5克，盐2克，料酒4克。

做　法

1. 将虾仁、玉米粒均洗净；虾仁切碎；葱洗净，切葱花；姜去皮，洗净，切末。
2. 锅置火上，加入油烧热，放入姜末炒香后，倒入虾仁，烹入料酒翻炒片刻。
3. 加入玉米粒，调入盐，炒约3分钟后，放入葱花稍炒后，起锅装盘即可。

妈咪妙招

这道菜中加入料酒可以去腥，爆香姜末也有增香去腥的作用，更适合宝宝的口味。

营养分析

玉米含有较多的维生素B_1和胡萝卜素，还含有维生素C和维生素E，可促进人体新陈代谢。

鸡蛋虾仁

适合18个月以上的宝宝

原材料

虾150克、鸡蛋1个、胡萝卜30克。

调味料

盐、胡椒粉各2克，料酒、生抽各5克，葱6克。

做 法

1. 将虾处理干净，切丁，加盐、胡椒粉、料酒、生抽腌制；鸡蛋磕入碗中，搅散成蛋液；胡萝卜去皮，洗净，切小丁；葱洗净，切成葱花。
2. 锅中加入油烧热，倒入蛋液煎熟后盛出。
3. 再加热油锅，放入胡萝卜稍炒后，加入虾仁、鸡蛋同炒1分钟，放入葱花，调入盐炒匀，起锅盛入盘中即可。

妈咪妙招

虾仁炒至变色即可，不要超过1分钟，以免炒老了，宝宝咬不动。

营养分析

虾仁含有丰富的蛋白质、钙等营养成分，特别适合宝宝食用。

苦瓜酿虾球

适合18个月以上的宝宝

原材料

虾仁150克、苦瓜100克。

调味料

盐、料酒、淀粉、香油、枸杞各适量。

做　法

1. 将苦瓜洗净，切成圆柱形状，挖掉中间的籽备用；枸杞泡发，洗净。
2. 将虾仁洗净，放入搅拌机中，加入适量盐、料酒，搅拌成虾仁碎备用。
3. 在挖空的苦瓜中均匀地抹上一层淀粉。
4. 在苦瓜中填入适量的虾仁碎，并在顶部放上枸杞，放入蒸锅中，大火隔水蒸6分钟后取出。
5. 净锅置火上，注入少许高汤煮至沸腾，加入少许淀粉勾芡，淋上香油，起锅淋在蒸好的苦瓜虾球上即可。

鲜嫩清淡，瓜翠肉红，微带苦味，有清心、明目之效。

苦瓜富含维生素C、维生素B_1及矿物质，具有预防坏血病，保护细胞膜，提高机体应激能力，除邪热、解疲乏，清心、聪耳明目、润泽肌肤，强身和保护心脏等作用。与虾仁一同烹制别有一番风味。

芦笋虾球

适合18个月以上的宝宝

这道菜色泽亮丽，鲜美可口。

原材料

虾150克、芦笋50克、胡萝卜40克。

调味料

姜末、大蒜末各8克，盐2克，料酒5克。

做 法

1. 将虾处理干净；芦笋去老根，洗净，切段，放入沸水锅中焯水后捞出；胡萝卜去皮，洗净，切丝。
2. 锅内加入油烧热，放入姜末、蒜末炒香，再放入芦笋、胡萝卜翻炒两分钟。
3. 加入虾仁同炒，烹入料酒，调入盐炒匀，起锅盛入盘中即可。

妈咪妙招

可将买回来的鲜虾放入冰箱冷冻20分钟后再取出，剥壳就会简单很多。

营养分析

芦笋质地鲜嫩、风味鲜美，可以增进宝宝的食欲、助消化，补充维生素和矿物质。

翡翠虾仁

适合18个月以上的宝宝

原材料

虾仁150克，黄瓜、胡萝卜各80克。

调味料

盐3克，姜、大蒜各5克，生抽4克，料酒8克，水淀粉30克。

做　法

1. 将虾仁洗净，加盐、胡椒粉、料酒腌制；黄瓜洗净，切小丁；胡萝卜去皮，洗净，切小丁，焯水后捞出；姜、大蒜均去皮，洗净，切末。
2. 锅中加入油烧热，放入姜末、蒜末炒香，倒入虾仁翻炒片刻。
3. 加入黄瓜丁、胡萝卜丁稍炒后，注入少许高汤烧开，调入盐、生抽，以水淀粉勾芡后，起锅盛入盘中即可。

这道菜很鲜美，不用放鸡精。

虾是营养价值很高的食物，含有丰富的蛋白质、维生素A、胡萝卜素和无机盐等。另外，虾的肌纤维比较细，组织蛋白质的结构松软，水分含量较多，所以肉质细嫩，容易消化吸收，非常适合宝宝食用。

维尼桃虾

适合18个月以上的宝宝

原材料

鲜虾200克、黄桃罐头1瓶。

调味料

盐、鸡精、水淀粉、料酒、姜各适量。

做 法

1. 将鲜虾处理干净，加水淀粉、料酒腌制；姜去皮，洗净，切片。
2. 将适量的黄桃切片备用。
3. 锅内加入油烧至六成热，放入姜片爆香后捞出，再放入虾仁翻炒至变色。
4. 加入黄桃稍炒后，调入盐、鸡精炒匀，出锅装盘即可。

营养分析

黄桃含有丰富的维生素C和大量人体所需要的纤维素、胡萝卜素、番茄黄素、红素及多种微量元素。加上含有丰富钙、磷和虾青素的虾仁，更有利于宝宝的身体发育。

妈咪妙招

黄桃罐头要选用果块大小均匀、色泽一致，糖水透明、无异味的。

鸿运白灼虾

适合18个月以上的宝宝

原材料

基围虾200克。

调味料

盐、花椒粉、料酒、葱段、姜片、红椒各适量。

做 法

1. 将虾去须脚，洗净，加料酒腌制3分钟；红椒洗净，切圈。

2. 锅中注入适量清水烧开，放入葱段、姜片稍煮后捞出，放入红椒，调入盐、花椒粉拌匀，下入虾，以大火煮约3分钟后捞出，摆入盘中即可。

虾肉晶莹剔透、鲜嫩，美味可口。

妈咪妙招

要加入姜、葱、料酒进行白灼，腥味方可去尽。鲜虾下入沸水时不要来回翻动，以免虾头脱落。

营养分析

虾营养极为丰富，含蛋白质是鱼、蛋、奶的几倍到几十倍，还含有丰富的钾、碘、镁、磷等矿物质及维生素A、氨茶碱等成分，有助于宝宝的健康成长。

蛋小鼠

适合18个月以上的宝宝

原材料

鸡蛋2个、木瓜籽4粒、胡萝卜20克、葱2根。

调味料

沙拉酱15克、胡椒粉2克。

做　法

1. 将鸡蛋入锅煮熟后，去壳，纵向对切成两半，做老鼠的身子；胡萝卜洗净，切出圆薄片做老鼠的耳朵；木瓜籽洗净。
2. 取出蛋黄，盛入碗中，加入沙拉酱、胡椒粉拌匀。
3. 用匙子将拌好的蛋黄填入蛋白中。
4. 把填好馅儿的鸡蛋放在盘中，切面向下。在靠近鸡蛋细端的部位，用小刀划两个口子，插上切好的胡萝卜片做耳朵，用葱叶做老鼠的尾巴，再将木瓜籽嵌入蛋白做眼睛。

这道菜做得生动有趣，非常适合不爱吃鸡蛋的宝宝。鸡蛋中的磷很丰富，但钙相对不足，所以，将奶类与鸡蛋共同食用可营养互补。

用黑芝麻来做眼睛也不错，耳朵也可用水萝卜代替胡萝卜。

蘑菇宝贝

适合18个月以上的宝宝

原材料

鹌鹑蛋4个、提子20克、酸奶10克。

做 法

1. 将鹌鹑蛋入锅煮熟，去壳，将大头的那端切下一小片，使之能站稳。
2. 提子洗净，顺着宽度的方向切成两半，去籽，用小刀在中间挖个小坑，做成帽子状。
3. 将鹌鹑蛋直立在盘子里，上面扣上用提子做的帽子，再淋上少许酸奶即可。

妈咪妙招

也可用鸡蛋来做小蘑菇，用番茄或其他稍大一些的水果给它做帽子。尽情发挥你的想象吧！

营养分析

鹌鹑蛋中的B族维生素含量多于鸡蛋，特别是维生素B_2的含量是鸡蛋的两倍，它是生化活动的辅助酶，可以促进宝宝生长和发育。

乐动小萝卜

适合18个月以上的宝宝

原材料

胡萝卜150克、香油5克、橙汁100克、蜂蜜15克。

做 法

1. 将胡萝卜去皮，洗净，切片，放入锅中，加入适量油，注入少许清水，煮软后捞出。
2. 待胡萝卜稍晾凉后，盛入容器中，加入橙汁、蜂蜜浸泡，密封好后，放入冰箱冷藏至入味即可。

营养分析

此菜可清热解毒，补充各种维生素，还可以明目。

妈咪妙招

密封的容器一定要擦干水，否则容易变质。

聪明火腿卷

适合18个月以上的宝宝

原材料

火腿70克、金针菇150克、牙签8根。

调味料

胡椒粉3克。

做 法

1. 将金针菇去蒂，洗净，沥干水分；火腿洗净，切片。
2. 再将火腿铺开，放上金针菇，卷好，用牙签封口，这样一个金针菇卷就做好了，再依次将剩余的材料卷好。
3. 把火腿金针菇卷摆入烤盘中，撒上胡椒粉。
4. 预热烤箱，将备好的材料放入烤箱中，以中火烤约8分钟，取出，翻面，
5. 放入烤箱中，续烤6分钟即可。

妈咪妙招

培根有咸味，不需要再加盐。

营养分析

金针菇含有人体必需的氨基酸成分较全，其中赖氨酸和精氨酸含量尤其丰富，且含锌量比较高，对宝宝的身高和智力发育有良好的作用，人称“增智菇”。

拌五彩菇

适合18个月以上的宝宝

原材料

蟹味菇60克，黑木耳15克，黄瓜、胡萝卜、红甜椒各50克，白芝麻5克，盐2克，鸡精1克，白醋、香油各5克。

做 法

1. 将黄瓜、红甜椒均洗净，切片；胡萝卜去皮，洗净，切片；黑木耳泡发，洗净，撕成片；蟹味菇洗净；将红甜椒、胡萝卜、黑木耳、蟹味菇一同放入沸水锅中焯水后捞出。
2. 再将备好的材料同拌，调入盐、鸡精、白醋、香油拌匀，撒上白芝麻即可。

营养分析

蟹味菇具有独特的蟹香味，含有丰富的维生素和17种氨基酸，其中赖氨酸、精氨酸的含量高于一般菇类，有益宝宝的身体和智力发育。

妈咪妙招

妈妈可在拌菜中添加适量核桃油，核桃油口感清淡无异味，纯生原味，特别适合宝宝的娇嫩肠胃。

原材料

金针菇120克，黄瓜80克、红甜椒20克。

调味料

姜、大蒜各8克，盐2克，生抽、白醋、香油各5克。

做　法

1. 将黄瓜、红甜椒均洗净，切丝；金针菇去蒂，洗净；大蒜、姜均去皮，洗净，切末。
2. 再将蒜末、姜末盛入碗中，加入盐、生抽、白醋、香油调匀成味汁。
3. 把红甜椒、金针菇放入沸水锅中焯水后捞出，沥干水分，盛入碗中，加入黄瓜，倒入味汁，拌匀即可。

丝丝心动

适合18个月以上的宝宝

金针菇能有效地增强机体的生物活性，促进体内新陈代谢，有利于食物中各种营养素的吸收和利用，对宝宝的生长和发育大有益处。

食材应尽量切细一些，方便宝宝食用。

水果咕噜豆腐

适合18个月以上的宝宝

原材料

豆腐100克，木瓜、火龙果各50克，红甜椒20克，青椒15克。

调味料

盐2克，白糖、白醋各4克，番茄酱10克，水淀粉15克。

做　法

1. 将火龙果去皮，切丁；木瓜去皮，去籽，切丁；豆腐稍洗，切丁，放入加有盐的沸水锅中焯水后捞出；红甜椒、青椒均洗净，切片。
2. 锅中加入油烧热，放入豆腐小火煎至金黄色，加入红甜椒、青椒炒片刻。
3. 倒入火龙果、木瓜翻炒均匀，调入盐、白糖、白醋、番茄酱炒匀，以水淀粉勾芡即可。

营养分析

火龙果味道清新淡雅，是入菜的首选。它营养丰富、功能独特，含有一般植物少有的植物性白蛋白及花青素，丰富的维生素和水溶性膳食纤维，对宝宝的成长非常有益。

妈咪妙招

将豆腐放入盐水中焯水，可增添豆腐的韧性，拌炒时不易碎烂，还能去除豆腥味。

可爱猪头便当

适合18个月以上的宝宝

原材料

米饭60克，圣女果、黄瓜、海苔、小香肠、胡萝卜、玉米粒、生菜叶各适量。

调味料

盐少许。

做　法

1. 将圣女果、黄瓜、胡萝卜、玉米粒、生菜叶分别洗净；将米饭团成圆形饭团，放在以生菜叶垫底的碗中，用来做猪头的脸。
2. 将圣女果一切为二，用来做成猪头的耳朵。
3. 小香肠刻花，黄瓜切片，胡萝卜切片，分别放入热油锅中，加入少许盐炒香、炒熟，铺在猪头的旁边，再将玉米粒稍炒后，镶在小香肠上。
4. 用干净的剪刀裁剪海苔，装饰眼睛、嘴巴和鼻子，一个可爱的猪头便当就诞生了。

营养分析

黄瓜、胡萝卜、圣女果中都富含维生素、胡萝卜素、矿物质、蛋白质等营养成分，有利于宝宝的生长和发育。

蔬菜炒面

适合18个月以上的宝宝

鲜香味美，有荤有素，很适合宝宝的口味。

原材料

面条50克，洋葱、白菜、火腿、胡萝卜各40克。

调味料

盐、胡椒粉各2克，生抽、香油各4克。

做 法

1. 将洋葱、白菜、火腿、胡萝卜分别洗净，切丝；鸡蛋磕入碗中，加盐搅匀。
2. 面条放入加有盐的沸水锅中煮熟后捞出，用凉开水冲洗，沥干水分。
3. 锅中加入油烧热，下入洋葱、白菜、火腿翻炒片刻，倒入面条同炒。
4. 调入盐、胡椒粉、生抽、香油炒匀，起锅盛入盘中即可。

煮面时加入盐可使面条更劲道。

洋葱、白菜中均含有较高的维生素C，可以促进人体新陈代谢，提高宝宝的免疫力。

咖喱炒面

适合18个月以上的宝宝

原材料

面条50克，圆白菜、番茄各40克，青椒10克。

调味料

盐、胡椒粉各2克，咖喱粉6克，生抽、香油各4克。

做　法

1. 将圆白菜洗净，切片；番茄洗净，切小丁；青椒洗净，切小片。
2. 面条放入加有盐的沸水锅中煮熟后捞出，用凉开水冲洗并沥干水分。
3. 锅中加入油烧热，倒入面条翻炒片刻后盛出。
4. 再烧热油锅，放入番茄、圆白菜、青椒翻炒片刻，加入炒过的面条，调入盐、胡椒粉、咖喱粉、生抽炒匀，淋上香油，起锅盛入盘中即可。

妈咪妙招

一定要在锅烧热后再放面条，炒时才不易粘锅。

营养分析

圆白菜中含有丰富的维生素、叶酸、碳水化合物、膳食纤维等成分，可提高人体免疫力，预防感冒，还有抑菌消炎的作用。

肉丝菠菜炒粉

适合18个月以上的宝宝

粉丝中富含碳水化合物、膳食纤维、蛋白质、烟酸和钙、镁、铁、钾、磷、钠等矿物质，适合宝宝食用。粉丝有良好的附味性，能吸收各种鲜美食材的味道，再加上粉丝本身的柔润爽滑，更加爽口宜人。

原材料

粉丝50克，猪肉、菠菜各40克。

调味料

姜、大蒜各6克，盐、鸡精各2克，料酒、香油、酱油各4克，水淀粉15克。

做　法

1. 将猪肉洗净，切丝，加盐、料酒、水淀粉腌制上浆；菠菜洗净，切段，焯水后捞出；粉丝用温水泡发，洗净；姜、大蒜均去皮，洗净，切末。
2. 锅中加入油烧热，放入姜末、蒜末炒香，加入肉丝炒至七成熟时，放入粉丝炒片刻，调入盐、鸡精、酱油炒匀。
3. 再放入菠菜稍炒后，淋上香油，起锅盛入盘中即可。

也可将粉丝放入沸水锅中煮至熟软，再入锅炒制，更易入味。

虾仁玉米凉面

适合18个月以上的宝宝

原材料

面条50克，虾仁、玉米粒各30克。

调味料

盐、胡椒粉各2克，料酒、生抽、香油各4克。

做　法

1. 将虾仁洗净，加盐、胡椒粉、料酒腌制；玉米粒洗净。
2. 面条放入加有盐的沸水锅中煮熟后捞出，用凉开水冲洗并沥干水分。
3. 锅中加入油烧热，放入虾仁、玉米粒炒熟后盛出。
4. 再将虾仁、玉米粒、面条同拌，调入生抽、香油拌匀即可。

可将面条摆出彩虹造型，让宝宝更有食欲。

虾仁所含有的蛋白质非常高，而玉米的营养价值颇高，除含有丰富的蛋白质、碳水化合物外，二者都含有丰富的镁元素，可加强肠壁蠕动，促进机体废物的排泄。

清汤牛肉面

适合18个月以上的宝宝

原材料

面条50克、牛肉40克、香菜15克。

调味料

盐、胡椒粉各2克，白醋、酱油、香油、料酒各5克。

做 法

1. 将牛肉洗净，切片，加盐、胡椒粉、料酒腌制；香菜洗净，切碎。
2. 锅中加入油烧热，放入牛肉片稍炒后，注入适量高汤烧开，调入白醋、酱油、香油拌匀，起锅盛入碗中。
3. 面条放入加有盐的沸水锅中煮熟后捞出，盛入牛肉汤中，撒上香菜即可。

营养分析

牛肉中富含锌，不但有益于宝宝神经系统的发育，而且对免疫系统也有益，还有助于保持宝宝皮肤、骨骼和毛发的健康。缺锌时，宝宝免疫力下降，容易生病，神经发育也容易受到不利影响。

妈咪妙招

有些宝宝不爱吃香菜，制作时应酌情添加。

牛奶鱼蒿面

适合18个月以上的宝宝

原材料

意大利面60克、三文鱼肉80克、芦蒿50克、牛奶100克。

调味料

盐、淀粉各适量。

做　法

1. 将三文鱼肉洗净，切成小块；芦蒿洗净，切成小段。
2. 把意大利面放入沸水锅中煮软后，捞起，沥干水分。
3. 锅内入油烧热，放入芦蒿炒至五成熟，加入牛奶、盐和淀粉煮开，调成稠状。
4. 倒入三文鱼丁，继续煮开，关火。
5. 把三文鱼和芦蒿拌入面条中即可。

妈咪妙招

可依据宝宝的口味，加入姜、葱或柠檬汁去除三文鱼的鱼腥味。

营养分析

牛奶、面条、芦蒿，似乎是毫无关联的食物，将这三者神奇地交集了。爽滑的面条中有着浓浓的奶香，奶香中又有着芦蒿的清香。整碗面清香爽口，又富含蛋白质和膳食纤维。

笑脸糯米团

适合18个月以上的宝宝

原材料

糯米粉200克、果珍粉10克、豆沙馅儿50克。

调味料

白糖适量。

做　法

1. 取一半量的糯米粉，加入温开水和白糖拌匀，揉成白色团子。
2. 将另一半糯米粉与果珍粉混合，加入温开水和白糖拌匀，做成橙色的团子。
3. 将白色小团子和橙色小团子分别包入豆沙馅儿料，在表面做上笑脸，放入锅中，隔水蒸15分钟即可。

糯米中含有维生素B_1、维生素B_2、蛋白质、脂肪、糖类、钙、磷、铁、烟酸及淀粉等，营养丰富，为温补食物。

为防止黏手，建议在拿取及揉压面团的时候，可戴涂过油的一次性手套。

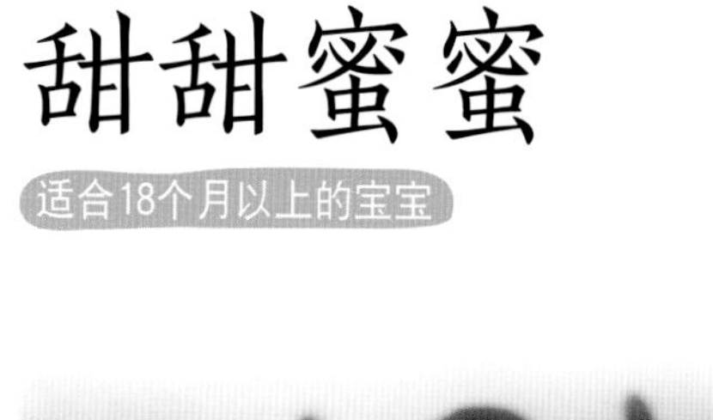

甜甜蜜蜜

适合18个月以上的宝宝

原材料

红枣200克、糯米粉50克。

调味料

冰糖适量。

做　法

1. 将红枣洗净，去核备用。
2. 将糯米粉加少许水拌匀，捏成小团；用筷子塞入红枣中。
3. 把红枣放入锅中，加入冰糖和适量清水，上笼蒸至发胀，至熟即可。

要选用大颗一些的红枣，能多塞点糯米，也方便操作。秋季适合多食鲜枣，可以补充维生素C。

红枣味甘可口，而且营养非常丰富，除含蛋白质、脂肪、碳水化合物外，还含有多种矿物质和维生素，如铁、磷、钙、胡萝卜素、维生素B_1、烟酸、维生素B_6，维生素C的含量更多。

鲜菇红枣鸡汤

适合18个月以上的宝宝

原材料

鸡肉200克、蘑菇50克、红枣20克。

调味料

枸杞、姜各8克，盐、胡椒粉各2克。

做　法

1. 将鸡肉洗净，剁成小块；蘑菇去蒂，洗净，撕成小片；红枣、枸杞均泡发，洗净；姜去皮，洗净，切末。
2. 锅中加入油烧热，放入鸡块和姜末翻炒片刻，注入适量清水没过鸡肉，以大火烧开，再改用小火煲约40分钟，加入蘑菇、红枣，续煲15分钟。
3. 最后放入枸杞，调入盐、胡椒粉，煲约10分钟即可。

营养分析

蘑菇中含有丰富的胡萝卜素、维生素C、蛋白质和钙、磷、铁等营养成分，具有清目利肺、益肠胃的功效。

妈咪妙招

枸杞和盐不宜过早加入。

牛腩汤

适合18个月以上的宝宝

五颜六色的食物搭配，酸甜可口，营养丰富。

原材料

牛腩200克，莲藕、玉米各50克，西蓝花、番茄、香菇各30克。

调味料

姜8克、盐3克、料酒5克。

做　法

1. 将牛腩洗净，切小块，放入沸水中氽后捞出；玉米切小段；莲藕去皮洗净，切片；香菇去蒂，切片；西蓝花掰成小朵；番茄切小块；姜去皮切片。
2. 锅中注入适量清水烧开，放入牛腩、姜片，调入盐、料酒，以中火炖至牛腩软烂，再加入玉米和藕片，盖上锅盖，煮约15分钟。
3. 最后放入香菇、西蓝花、番茄略煮片刻，起锅盛入碗中即可。

营养分析

牛腩含铁较丰富，遇到番茄后，可以使牛肉中的铁更好地被人体吸收，能有效预防缺铁性贫血。

妈咪妙招

怎么消除牛肉的膻味呢？将牛肉在冷水中浸泡几小时，中间要换几次水。

润肺蛤蜊粥

适合18个月以上的宝宝

清爽可口，营养丰富，滑润适口。

原材料

蛤蜊10个、大米100克。

调味料

香油5克，盐、葱花各适量。

做　法

1. 提前将蛤蜊用盐水浸泡一小时以上，让其吐尽泥沙。
2. 将大米洗净后，锅中放入适量清水，大火烧开后，转小火保持粥微开，熬45分钟左右。
3. 将洗净的新鲜蛤蜊放入熬好的白粥中，加入少许盐，转大火烧开，等蛤蜊开壳后即可关火。
4. 将粥盛出以后，撒上葱花，滴上香油。

营养分析

蛤蜊肉的营养很丰富，富含蛋白质、脂肪、维生素A、维生素B_1和维生素B_2，以及矿物质钙、镁、碘等。

妈咪妙招

蛤蜊一定要保证新鲜，不带泥沙，不然会影响粥的味道，更不利于宝宝的健康。

鲫鱼豆腐汤

适合18个月以上的宝宝

原材料

鲫鱼250克、豆腐100克。

调味料

盐、鸡精、胡椒粉、料酒、生姜各适量。

做　法

1. 将鲫鱼处理干净，在鱼身两面均划上几道刀口，加盐、料酒腌制；豆腐稍洗后切小块；生姜去皮，洗净，切片。
2. 锅内加入油烧热，放入鲫鱼煎至两面均呈金黄色。
3. 加入姜片，注入适量清水，盖上锅盖，以大火烧开后转小火，煮约40分钟。
4. 放入豆腐，续煮5分钟，调入盐、胡椒粉、鸡精拌匀，起锅盛入盘中即可。

做这道菜时，要先将鲫鱼放入油锅中煎，以去除腥味。根据口味爱好也可以撒上香菜碎末。

鲫鱼所含的蛋白质质优、齐全、易于消化吸收，常食可增强宝宝的抗病能力；而豆腐则有助于牙齿、骨骼的生长和发育。配用豆腐，益气养血、健脾宽中，豆腐亦富有营养，含蛋白质较高。因此，这道菜非常适合宝宝食用。

第5章

1.5～2岁 让宝宝充分练习咀嚼

金针菇牛卷

适合20个月以上的宝宝

原材料

肥牛片200克、金针菇100克。

调味料

盐、料酒、酱油各适量。

做　法

1. 将金针菇去蒂，洗净，切成8厘米长的段。
2. 用肥牛片包裹金针菇卷起来备用。
3. 锅内加入油烧至七成热，放入卷好的金针菇肥牛卷。
4. 注入少许清水，调入盐、料酒、酱油，以大火烧开，待煮至金针菇肥牛均熟时盛出即可。

妈咪妙招

煮的时间不能过长，煮熟透即可，否则肥牛容易变老，影响口感。

营养分析

牛肉蛋白质丰富，金针菇含有丰富的维生素和矿物质，两者合一，滋养脾胃、强健筋骨、清热化痰、解毒消炎，特别适合宝宝食用。

咖喱土豆鸡块

适合20个月以上的宝宝

原材料

鸡肉200克、土豆100克。

调味料

盐、鸡精、咖喱粉、料酒、葱、姜各适量。

做 法

1. 将鸡肉洗净，剁成块；土豆去皮，洗净，切块；葱洗净，切段；姜去皮，洗净，切成小片。
2. 将鸡块放入沸水锅中焯水捞出；将土豆放入沸水锅中煮约10分钟后捞出。
3. 锅内加入油烧至五成热，放入鸡块，翻炒片刻后盛出。
4. 锅内留油烧热，加入葱段、姜片煸炒出香味后捞出，放入咖喱粉，注入高汤以后大火烧开。
5. 调入盐、鸡精、料酒，加入鸡块、土豆，以小火烧至鸡块酥烂、土豆熟透时，以大火收浓汤汁，起锅盛入碗中即可。

营养分析

鸡肉能增强人体免疫力，促进宝宝智力发育。咖喱中的姜黄素对保护肝脏也有很好的作用。

肉末西蓝花饭

适合20个月以上的宝宝

原材料

米饭80克、肉末50克、西蓝花100克、樱桃20克。

调味料

盐、料酒各少许。

做　法

1. 将米饭盛入碗中；西蓝花掰成小朵，洗净；肉末中滴入少许料酒拌匀。
2. 锅内加入油烧热，放入肉末煸炒至五成熟时，加入西蓝花，注入少许水，以小火煮片刻。
3. 调入盐炒熟，起锅盛入米饭上，以樱桃装饰即可。

营养分析

西蓝花中的营养成分，不仅含量高，而且十分全面，主要包括蛋白质、碳水化合物、脂肪、矿物质、维生素C和胡萝卜素等。

妈咪妙招

西蓝花与营养丰富、口感绝佳的肉末搭配，能强健骨骼，提高宝宝的免疫力。

虾仁螺旋面

适合20个月以上的宝宝

原材料

螺旋意大利面100克，虾仁、圣女果各40克，洋葱30克。

调味料

盐、橄榄油、黄油、蒜香意大利面酱各适量。

做 法

1. 将螺旋意大利面放入沸水中，加入盐和橄榄油，以大火煮8分钟后捞出，用凉开水冲一遍备用；虾仁、圣女果分别洗净；洋葱洗净，切小片。
2. 锅内加入黄油烧至七成热，放入洋葱翻炒，再放入虾仁同炒。
3. 加入意大利面，调入蒜香意大利面酱炒匀，放入圣女果稍炒后即可。

面条本身就是碱性食物，与带酸性的番茄一起炒，可以让此菜的营养达到酸碱平衡。再加上虾仁可补钙，洋葱可杀菌，营养非常全面，但消化功能弱的宝宝宜少食。

妈咪妙招

意大利面是一种硬质面条，煮的时间要比平时吃的面条久一些。

板栗烧牛肉

适合2岁的宝宝

原材料

牛肉250克、板栗80克。

调味料

姜6克，盐2克，葱段、白糖、料酒、酱油各5克。

做　法

1. 将牛肉洗净，姜去皮，洗净，切末。
2. 锅中加入油烧热，入姜末炒香，放入牛肉、板栗一同翻炒片刻，注入适量高汤以大火烧开。
3. 最后调入盐、白糖、料酒、酱油、葱段拌匀，改用小火烧至汤汁浓稠、牛肉酥烂，起锅盛入盘中即可。

这道菜色泽金黄、美味可口，令宝宝食欲大增。

妈咪妙招

这道菜中的牛肉应选择腿腱肉，以小火炖烂再炒，宝宝才好吞咽。

营养分析

板栗中含有蛋白质、脂肪、碳水化合物、淀粉、维生素、钙、磷、铁、钾等矿物质及胡萝卜素、B族维生素、叶酸等多种成分，可为宝宝生长和发育提供必要的营养。

糖醋排骨

适合2岁的宝宝

这道菜色泽红亮油润、口味酸甜，回味无穷，很容易受到宝宝的喜爱。

原材料

排骨250克。

调味料

葱5克，姜、大蒜各10克，盐2克，鸡精3克，白糖15克，白醋10克，酱油6克。

做 法

1. 将排骨洗净，剁成小段，沥干水分；姜、大蒜均去皮，洗净，切片；葱洗净，切葱花。
2. 锅内加入油烧热，倒入排骨以中火炸约3分钟，翻面，再炸两分钟，加入姜片、大蒜片稍炒后，调入酱油，注入清水没过排骨，改用大火烧开，再以小火炖约20分钟。
3. 调入鸡精、白糖、白醋，以大火收汁，起锅盛入碗中，撒上葱花即可。

排骨中除含蛋白质、脂肪、维生素外，还含有大量磷酸钙、骨胶原、骨黏蛋白等营养物质。

也可将白糖替换成冰糖，制作出来的成品色泽更加诱人。

咖喱土豆牛肉

适合2岁的宝宝

原材料

牛肉200克、土豆80克、咖喱块20克。

调味料

盐3克，白糖、酱油、料酒各4克，蚝油、水淀粉各6克。

做　法

1. 将牛肉洗净，切块，加盐、料酒、酱油、蚝油、水淀粉腌制上浆；土豆去皮，洗净，切片。
2. 锅内加入油烧热，倒入牛肉滑散略炒，加入土豆片炒匀。
3. 注入清水没过牛肉块和土豆片，大火烧开，盖上盖，用小火炖至熟软，放入咖喱块完全融化，待汤汁浓稠，调入盐、白糖拌匀，起锅盛入碗中即可。

腌制可使牛肉更嫩滑，在腌制时加入一个蛋清，效果会更好。

牛肉蛋白质含量高、脂肪含量低，味道鲜美，享有“肉中骄子”的美称。

莴笋牛肉

适合2岁的宝宝

这道菜口感爽脆、营养丰富，适合给宝宝食用。

莴笋含有多种维生素和矿物质，还含有非常丰富的氟元素，可参与牙齿和骨骼的生长，还能改善消化系统和肝脏功能，刺激消化液的分泌，促进宝宝的食欲。

原材料

牛肉250克、莴笋100克、大蒜15克。

调味料

盐、胡椒粉各2克，料酒、酱油各4克，水淀粉5克。

做 法

1. 将牛肉洗净，切丝，加盐、料酒、酱油、水淀粉腌制；莴笋去皮，洗净，切丝；大蒜去皮，洗净，切末。
2. 锅中加入油烧热，放入蒜末炒香后，加入牛肉丝滑散稍炒，后盛出。
3. 锅内留油烧热，放入莴笋丝炒约两分钟后，倒入牛肉丝同炒片刻，调入盐、胡椒粉炒匀，起锅盛入盘中即可。

莴笋丝和牛肉丝均易熟，不可炒制过长时间。

番茄烩牛肉

适合2岁的宝宝

原材料

牛肉200克，番茄、土豆各40克，洋葱30克。

调味料

盐、胡椒粉各2克，酱油4克。

做　法

1. 将牛肉洗净，切小块，加盐、胡椒粉腌制；番茄洗净，切小块；洋葱洗净，切小片；土豆去皮，洗净，切小块。
2. 锅置火上，加入油烧热，倒入牛肉，煸炒片刻后盛出。
3. 锅内留油烧热，放入洋葱片、土豆片、番茄块翻炒，注入清水，加入牛肉、盐、酱油，大火烧开后，改小火焖煮20分钟，待汤汁浓稠即可。

妈咪妙招

新鲜的牛肉外表有光泽、红色均匀稍暗、脂肪为洁白或淡黄色，外表有风干膜，不粘手，弹性好。

营养分析

牛肉含铁较丰富，配以番茄后，可以使牛肉中的铁更好的被人体吸收，有效预防缺铁性贫血。番茄富含类胡萝卜素、B族维生素和维生素C，尤其是B族维生素的含量居蔬菜之冠，经常食用可以提高宝宝的免疫力。

三色鸡丁

适合2岁的宝宝

原材料

鸡胸肉200克，胡萝卜、西芹各40克。

调味料

盐盐、胡椒粉各2克，料酒、生抽各4克。

做　法

1. 将鸡胸肉洗净，切碎粒，加盐、胡椒粉、料酒腌制；胡萝卜去皮，洗净，切小粒；西芹洗净，切小粒。
2. 锅中加入油烧热，下入胡萝卜、西芹稍炒后，加入鸡胸肉同炒至熟，调入生抽稍炒后，起锅，盛入盘中即可。

西芹富含蛋白质、碳水化合物、矿物质及多种维生素等营养物质，可促进宝宝食欲；其还含有纤维素，可帮助宝宝排出体内的毒素。

炒鸡肉时一定要快速翻炒，时间不宜太久，否则鸡肉会变老；也可根据宝宝的口味，调入少许蚝油或鲍汁，味道更佳。

新奥尔良鸡翅

适合2岁的宝宝

原材料

鸡翅中2个。

调味料

盐、胡椒粉各2克，蚝油5克，料酒、蜂蜜、白糖、香油各4克。

做　法

1. 将鸡翅中洗净，在两边打上花刀，加盐、胡椒粉、白糖、蚝油、料酒腌制。
2. 将鸡翅中的表面刷上香油、蜂蜜，再摆入烤盘中。
3. 预热烤箱，放入摆好的鸡翅中，以中火烤，约18分钟后取出即可。

色泽金黄诱人，口感香甜酥嫩。

妈咪妙招

加入白糖腌制，可提升鸡翅的鲜味；塞入鸡翅中的蔬菜也可以换成宝宝更加喜欢的蔬菜。

营养分析

鸡翅是整只鸡身最为鲜嫩可口的部位之一，含大量胶原蛋白、维生素、钙、铁等营养成分，有利于宝宝的健康成长。

香菇蒸滑鸡

适合2岁的宝宝

原材料

鸡胸肉200克、香菇20克、枸杞5克。

调味料

盐、胡椒粉各2克，料酒、生抽各4克，水淀粉6克，香油3克。

做　法

1. 将鸡胸肉洗净，切片，加盐、胡椒粉、料酒、生抽、水淀粉腌制；香菇放入温水中泡发，去蒂，洗净，切片；枸杞洗净。
2. 将香菇铺在盘中，再放上鸡胸肉，撒上枸杞，淋上香油。
3. 将备好的材料放入锅中，蒸约15分钟即可。

营养分析

香菇中含有蛋白质、脂肪、碳水化合物、粗纤维、钙、磷、铁以及维生素等成分，可增强人体抵抗力，有助于宝宝骨骼和牙齿的生长。

妈咪妙招

浸泡香菇用40℃左右的温水，在温水中加入适量白糖，这样泡出来的香菇，在做菜时，味道更香。

酸甜鱼片

适合2岁的宝宝

原材料

鱼肉200克。

调味料

淀粉15克，白糖、蒜末各5克，番茄酱、蚝油各10克，白醋8克，葱花3克。

做　法

1. 将鱼肉洗净，切成薄片，加入蚝油、淀粉，用手抓匀，使每块鱼片均匀裹上一层淀粉。
2. 白糖、番茄酱、白醋、蒜末混合，用匙子调匀成味汁。
3. 锅中加入油烧热，放入鱼片滑炒1分钟，倒入味汁翻炒片刻，再以水淀粉勾芡，起锅盛于碗中，撒上葱花即可。

鱼香味浓，酸甜适口。

妈咪妙招

鱼片放入锅中先不要翻动，炸1分钟定型后再炒，否则易碎。

营养分析

此菜非常适宜宝宝食用，可以获得其生长和发育所必需的优质蛋白质，及钙、磷、铁等矿物质和维生素C等。

香菇干贝酿丝瓜

适合2岁的宝宝

原材料

丝瓜150克，香菇、干贝各30克。

调味料

蒜末5克，盐、胡椒粉各2克。

做 法

1. 将干贝泡发，洗净，撕成细丝；香菇泡发，洗净，切小丁；丝瓜去皮，洗净，切小段，挖成中空。
2. 锅中加入油烧热，放入蒜末炒香，加入香菇稍炒后，再放入干贝续炒片刻，调入盐、胡椒粉炒匀后盛出。
3. 将炒好的材料填入丝瓜中，入锅大火蒸8分钟左右即可。

营养分析

由于丝瓜中B族维生素等含量高，有利于宝宝的大脑发育。

妈咪妙招

丝瓜要选择质地硬一点的，且挖空的时候不能挖得太深。

西芹玉米枸杞沙拉

适合2岁的宝宝

原材料

西芹100克、玉米粒50克，枸杞少许。

调味料

盐、沙拉酱各适量。

做 法

1. 挑选根部较粗、颜色深绿的实心西芹，用刨刀刨去粗茎，洗净，沥干后切成约7厘米的长段；玉米粒洗净；枸杞泡发，洗净。
2. 将切好的西芹段、玉米粒放入加有盐和沙拉酱的沸水锅中煮约3分钟后捞出，西芹用凉开水冲洗，沥干水分。
3. 将玉米粒放在西芹段上，一个个排到盘中，以枸杞装饰即可。

色泽亮丽，美味可口。

妈咪妙招

西芹焯水后要马上过凉开水，可以使成菜颜色更翠绿。

营养分析

西芹富含蛋白质、碳水化合物、矿物质及钙、纤维素等营养物质，常食可增强宝宝的食欲。枸杞一般不宜和过多性温热的补品如桂圆、红参、大枣等共同食用。

金针菇扒玉子豆腐

适合2岁的宝宝

这道菜色泽鲜艳、质地酥嫩、口感顺滑。

原材料

金针菇、日本豆腐各200克，豌豆、胡萝卜各少许。

调味料

盐、鸡精、水淀粉各适量。

做 法

1. 将金针菇洗净，放入沸水锅中焯水后捞出备用；日本豆腐切成小段；胡萝卜去皮，洗净，切丝；豌豆洗净，焯水后捞出。
2. 锅中加入少许油烧热，放入日本豆腐，煎至两面均呈金黄色时盛出备用。
3. 再烧热油锅，放入胡萝卜丝、豌豆、金针菇翻炒均匀。
4. 倒入煎好的日本豆腐，调入盐、鸡精拌匀，以水淀粉勾芡，起锅盛入盘中即可。

营养分析

日本豆腐又称鸡蛋豆腐、玉子豆腐，虽质感似豆腐，却不含任何豆类成分。它以鸡蛋为主要原料，辅之纯水、植物蛋白、天然调味料等，经科学配方精制而成，具有豆腐之爽滑鲜嫩、鸡蛋之美味清香，以其高品质、美味、营养、健康，深受大家喜欢。

妈咪妙招

烧制前先将金针菇放入开水中焯一下以去除异味。

甜蜜红枣布丁

适合2岁的宝宝

原材料

牛奶100克、无核红枣40克。

调味料

蜂蜜少许，椰浆80克，琼脂10克。

做　法

1. 将红枣洗净，隔水蒸约5分钟，至软后取出，切半备用。
2. 把琼脂、椰浆和牛奶一起放入锅中煮开，并不停地搅拌，直到琼脂全部溶化。
3. 把牛奶椰浆液体倒入容器中冷却10分钟，再加入红枣片、蜂蜜一起搅匀。
4. 将布丁放入冰箱中冷藏，待凝固后即可食用。

妈咪妙招

牛奶最好用鲜奶，有补脾健胃之功效。可以运用不同的模具做出不同形状的诱人布丁。这道小甜品做起来十分简便，很值得一试哦！

营养分析

红枣中富含各种矿物质和维生素，维生素C和铁的含量比较多，而维生素C可以有效促进铁的吸收。牛奶中唯一缺乏的就是维生素C。所以两者搭配可以取长补短，使两者的营养价值都全部体现。

芝麻营养饭团

适合2岁的宝宝

原材料

胡萝卜、肉末、青菜、黑芝麻各适量，几片海苔，米饭1碗。

调味料

盐少许，植物油适量。

做 法

1. 将胡萝卜洗净，切碎；青菜洗净，切丝。
2. 将胡萝卜、肉末、青菜下入油锅中炒至熟后，加盐调味。
3. 所有炒好的材料和黑芝麻一起倒入米饭中，拌匀。
4. 戴上一次性手套，将米饭捏成饭团即可。

营养分析

在这一餐中，将谷类与肉类、青菜混吃，能使宝宝膳食多样化又达到平衡。饭团里面可以放宝宝喜欢吃的食材，这样可以在较长一段时间里使饮食中的各种营养素自动达到平衡。

妈咪妙招

海苔片要先用微火烤一下，再用来包饭团。

原材料

米饭1碗、胡萝卜半根、番茄1个、鸡蛋1个。

做　法

1. 把鸡蛋打散；胡萝卜和番茄洗净，切碎备用。
2. 将蛋液倒入平底锅中煎至两面金黄色后，盛出。
3. 将切碎的胡萝卜用少许油炒熟后，将米饭和番茄放入拌匀。
4. 将混合好的米饭平摊在蛋皮上，然后卷成卷儿，切成小卷子状即可喂食。

番茄饭卷

适合2岁的宝宝

妈咪妙招

煎蛋皮的时候要用小火慢煎，凝固就可以了。

营养分析

此菜含有足够的蛋白质和丰富的脂肪、维生素C和胡萝卜素等营养素，具有健脑益智和强健身体的功效。

第6章

2~6岁
快乐进餐，满足宝宝
的大胃口

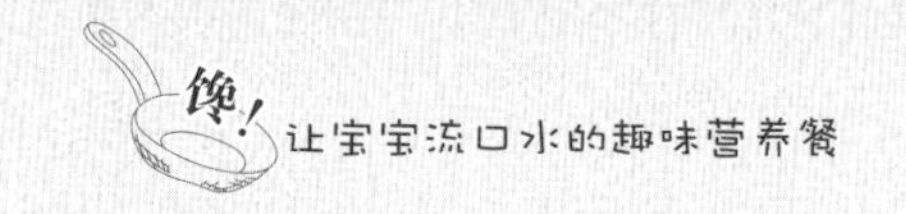

原材料

排骨250克，胡萝卜、玉米各80克。

调味料

盐、鸡精、料酒、葱各适量。

做 法

1. 将排骨洗净，剁成块，放入沸水锅中焯水后捞出；胡萝卜、玉米均洗净，切段；葱洗净，切长段。
2. 净锅置火上，注入适量清水烧开，放入排骨，加入葱段、料酒，以小火炖至排骨七成熟时，加入胡萝卜、玉米同炖30分钟。
3. 调入盐、鸡精拌匀，起锅盛入碗中即可。

胡萝卜玉米排骨汤

适合3岁以上的宝宝

胡萝卜和玉米比较容易熟，所以应最后加入。滴几滴醋可以让钙溶解得更充分。

在炖制排骨汤的过程中加入胡萝卜，既补充了优质蛋白质，还能起到润肺的作用，可谓一举多得。

奇异虾球色拉

适合2岁以上的宝宝

原材料

猕猴桃2个、鲜虾60克、千岛酱50克。

调味料

柠檬汁、盐、朱古力屑适量。

做 法

1. 将猕猴桃洗净，去皮，切成圆片。
2. 鲜虾去壳、去肠、洗净，放入滚水中焯熟，捞出，用柠檬汁和适量的盐拌匀，凉冷。
3. 每片猕猴桃上挤上一层千岛酱，放上虾仁，挤上适量千岛酱，撒上朱古力屑即可。

营养分析

此菜既爽口又开胃，是特别受人欢迎的夏季佳肴。

妈咪妙招

食材一定要选新鲜的。

爱心海苔羹

适合2岁以上的宝宝

入口嫩滑，兼有海苔的鲜味，鲜美无比。

原材料

鸡蛋1个、海苔2片。

调味料

盐少许。

做法

1. 将鸡蛋洗净，磕破壳，将蛋液放入碗中打散；海苔剪成条备用。
2. 在蛋液中加入等量的温水搅匀，加入少许盐搅拌。
3. 用滤网将蛋液过滤到蒸碗中，撇去表面的浮沫，放入剪碎的海苔。
4. 将鸡蛋羹加盖或者用保鲜膜覆盖，放入上汽的蒸锅中，用中火蒸10分钟左右至凝固即可。

妈咪妙招

蒸蛋的时候在表面盖上保鲜膜，或扎几个小孔，这样蒸出来才不会有孔洞。

营养分析

此菜含有丰富的碘、磷、蛋白质，不仅营养丰富，造型也特别可爱，能让宝宝自觉地狼吞虎咽。

肉末太阳蛋

适合2岁以上的宝宝

原材料

猪瘦肉100克、鸡蛋1个。

调味料

盐2克，酱油、淀粉各5克，鸡精3克，胡椒粉适量。

做 法

1. 将猪瘦肉洗净，剁成肉末备用。
2. 把剁好的肉末放在碗里，倒入所有准备好的调味料，用筷子朝一个方向搅拌至入味。
3. 取一个碗，在碗的里面抹上一层油，再放入剁好的肉末，压平，转入蒸锅蒸约10分钟。
4. 再打上一个鸡蛋，继续蒸约10分钟，至肉饼和鸡蛋均熟透，出锅时在鸡蛋上撒上少许胡椒粉即可。

营养分析

宝宝身体的生长和发育需要多种营养素，因此，必须给宝宝提供多种多样的食物。食物搭配要有干有稀、有荤有素，饭菜要多样化，每天都不重复。给宝宝准备饭菜时要注意利用蛋白质的互补作用，用肉、豆制品、蛋、蔬菜等混合来做菜。

妈咪妙招

在碗的内壁抹上油，是为了肉末不会沾在碗上。蒸的时候要用大火。

原材料

茄子、番茄各1个，泡发木耳50克。

调味料

蒜末、葱花少许，盐5克，白糖3克，蚝油5克。

做　法

1. 将茄子和番茄分别洗净，去皮，切小丁；木耳泡发，洗净，去根，切小朵。
2. 将茄丁放在清水中浸泡10分钟，捞出挤干水分。
3. 炒锅烧热适量油，倒入蒜末炒香，下入茄丁炒软，倒入番茄丁和木耳，翻炒1分钟，加少许水，盖上锅盖，烧3分钟。
4. 茄丁彻底煮软后，调入糖、盐，大火收汁，最后调入蚝油，撒上葱花，翻炒均匀后关火出锅。

缤纷双茄

适合2岁以上的宝宝

妈咪妙招

炒茄子时要多放些油，不然容易炒糊。

营养分析

茄子营养丰富，含有蛋白质、脂肪、碳水化合物、维生素以及钙、磷、铁等多种营养成分。

奶黄包

适合2岁以上的宝宝

原材料

面粉100克、牛奶80毫升、鸡蛋2个。

调味料

白糖适量。

做　法

1. 将面粉加水揉成面团。
2. 鸡蛋液、牛奶、糖和少量面粉搅匀制成馅儿料，将馅儿料放入蒸锅内蒸熟。
3. 将面团取出适量，压平，擀薄，放入馅儿料，包好，捏紧，用剪刀在包子顶部剪成十字开口。
4. 将包子放入锅内，蒸熟即可。

奶黄包营养丰富，奶黄包的馅儿料是由鸡蛋、牛奶、白糖等混合搅拌而成的，营养丰富，适合宝宝食用。

制作奶黄馅儿时，一定要控制好牛奶的用量，不能加得过多，否则制成的奶黄馅儿会很稀，不利于包制成形。

南瓜煮汤圆

适合2岁以上的宝宝

原材料

小汤圆100克、南瓜80克、糯米粉30克。

调味料

盐3克、白糖10克。

做　法

1. 把南瓜的籽掏去，去皮，切成块，放入锅中蒸熟后，取出，捣成泥。
2. 锅中注入适量清水烧开，放入汤圆煮至汤圆浮起时，再注入少许清水续煮至沸腾，然后捞出汤圆，浸泡在冰水中。
3. 锅中倒入清水烧开，加入南瓜泥，边煮边搅拌均匀，再加入适量糯米粉拌匀，做成南瓜糊。
4. 将煮好的汤圆倒入南瓜糊中，调入盐、白糖拌匀，起锅盛入碗中即可。

妈咪妙招

南瓜块也可以放在微波炉里蒸熟。煮好的汤圆浸泡在冰水里，可以使汤圆更滑。

营养分析

这款汤圆南瓜中丰富的胡萝卜素在机体内可以转化成具有重要生理功能的维生素A，对上皮组织的生长分化、维持宝宝的正常视觉、促进宝宝骨骼的发育具有重要的作用。

鲜奶水果盏

适合2岁以上的宝宝

原材料

小麦面粉250克，鸡蛋175克，西瓜、猕猴桃各30克。

调味料

黄油125克、盐6克、白糖150克、鲜奶油100克。

做 法

1. 将黄油和白糖混合均匀。
2. 面粉和盐也混合均匀。
3. 打入鸡蛋并拌匀，然后放入冰箱冷冻备用。
4. 开酥擀成大片，铺在铁模上，用手掌按在模上。
5. 用叉子在酥皮上均匀地扎上小孔。
6. 放在140℃烤箱内烤制20分钟左右即熟。
7. 把鲜奶油挤在烤制好的模托内，然后点缀上西瓜片和猕猴桃片即成。

小麦和鸡蛋是孩子最好的食物。搭配新鲜的果蔬，不但水分含量高，还有大量的纤维质，可以促进健康、增强免疫力。

妈咪妙招

用叉子在酥皮上扎小孔是为了防止皮鼓起或者不热，所以这一步骤不能少。

紫薯塔

适合2岁以上的宝宝

原材料

紫番薯2根。

调味料

糖粉、椰蓉各适量。

做　法

1. 将紫薯原条蒸熟去皮，压成泥过筛备用。
2. 凉透的薯泥中加入适量糖粉充分拌匀，并放入冰箱中冷藏一小时左右。
3. 取出装入裱花带大菊花嘴的模具挤成塔状，撒上椰蓉装饰即可。

具有紫薯本身的清香，口感细腻、香滑。

妈咪妙招

甘薯不但营养均衡，而且具有鲜为人知的防止亚健康、减肥、健美等作用。

营养分析

紫薯除了具有普通红薯的营养成分外，还富含硒元素和花青素。紫薯中含有的膳食纤维可以清理肠腔内滞留的黏液、积气和腐败物，排出粪便中的有毒物质。

西瓜冰霜

适合2岁以上的宝宝

原材料

西瓜250克。

调味料

炼乳少许。

做　法

1. 将西瓜去掉外皮和籽，用匙子挖成小块，装入保鲜盒，放入冰箱中冷冻。
2. 将西瓜块冷冻两个小时后取出，放入搅拌机中搅拌成冰沙，食用时，加入适量炼乳即可。

妈咪妙招

炼乳在揭开铁盖以后，如果一次吃不完，就要放入冰箱中冷藏，否则容易变质，甚至感染细菌。

营养分析

西瓜堪称“瓜中之王”，味道甘甜多汁、清爽解渴，西瓜除不含脂肪和胆固醇外，含有大量的葡萄糖、苹果酸、果糖、精氨酸、番茄素及丰富的维生素C等物质，是一种富有营养、纯净、食用安全的食物。

心爱的兔子

适合30个月以上的宝宝

原材料

大米饭120克，火腿、圣女果、黄瓜、胡萝卜、海苔各适量。

做　法

1. 将黄瓜、圣女果、胡萝卜分别择洗干净；取一大半胡萝卜去皮，切成圆片，用蔬菜切模切成梅花形，剩下的做成心形片；黄瓜切片；火腿切成梅花形。
2. 将黄瓜铺在便当盒底部。
3. 取一半米饭，用爱心模具做成饭团，用海苔和心形胡萝卜片装饰。
4 将另一半米饭用小兔模具做成卡通饭团，用海苔和心形胡萝卜片装饰。
5. 将梅花形胡萝卜片焯水后捞出；火腿加入热油锅中稍煎后盛出。
6. 把梅花形胡萝卜片和火腿片、圣女果按自己喜欢的样子摆放在做好的饭团周围。

营养分析

大米是补充营养素的基础食物，是提供B族维生素的主要来源，所以父母应制作一些可爱的便当来吸引宝宝，让宝宝爱上吃米饭。

哥俩好

适合3岁以上的宝宝

原材料

土豆、洋葱各1个，腊肠1根。

调味料

盐3克、生抽5克、葱4克。

做 法

1. 将土豆去皮，切成小块；腊肠洗净，切成薄片；洋葱洗净，切成小块；葱洗净，切成葱花。
2. 锅中放适量油，将土豆块放入，先用大火再转中小火煎至土豆表面有点焦。
3. 然后放入洋葱，转小火拌炒，把洋葱的香味炒出来，放适量的盐拌炒入味。
4. 最后放入腊肠拌炒至出油，至熟，淋上生抽，撒上葱花即可。

营养分析

洋葱有杀菌作用，土豆能补充能量，再加上香甜的腊肠，让淘气的宝宝可以像大力水手一样充满能量。

妈咪妙招

土豆要煎到表面有点焦焦的更香。

“樱桃”卷

适合3岁以上的宝宝

原材料

圣女果30克，三明治火腿100克，牙签若干。

做　法

1. 把圣女果的蒂择掉，洗干净；三明治火腿冲洗干净。
2. 将火腿切成薄薄的片。
3. 将圣女果放在三明治火腿上，卷起来，用牙签固定。
4. 烤盘上铺上锡纸，放上火腿圣女果卷。
5. 预热烤箱，放入备好的材料烤约5分钟，至熟即可。

妈咪妙招

圣女果比较滑，三文治火腿片要切得大一点，以能够完全包裹住圣女果为好。如果家中有烧烤酱的话，可烤至中途时，在表面刷一层酱汁，再继续烤，更入味。

营养分析

此菜营养丰富，除了含有丰富的蛋白质和适度的脂肪外，还含有多种维生素和矿物质，营养成分易于吸收，有养胃生津、健足力、增强人体抵抗力等作用，特别适合宝宝吃，可有效促进宝宝的生长和发育。

黄瓜酿肉

适合3岁以上的宝宝

原材料

粗细均匀的黄瓜1根、猪肉末100克。

调味料

盐2克，蚝油10克，胡椒粉、水淀粉各适量。

做 法

1. 将黄瓜洗干净，间隔着用刮皮刀刮去外皮（只要刮去薄薄的一层就可以了，不要刮得太深，以免把黄瓜肉都去掉了），再把黄瓜切成长短都一样的段，用匙子挖去中间的瓜瓤。
2. 在肉末中加入盐、蚝油、胡椒粉搅拌均匀后，向着同一个方向搅拌至起胶，用筷子把肉馅儿塞进黄瓜里，全部排放在盘中。
3. 取一个蒸锅，加适量水烧开，放入蒸架，把黄瓜放进去，开大火蒸约15分钟，看见熟了之后就取出来。
4. 用水淀粉勾芡，然后起锅淋在黄瓜上即可。

黄瓜肉质脆嫩、汁多味甘、芳香可口，它含有蛋白质、脂肪、糖类、多种维生素、纤维素以及钙、磷、铁、钾、钠、镁等丰富的成分，配上肉末蒸出来后更是荤中有素，素中有荤。

水晶镶翡翠

适合3岁以上的宝宝

原材料

黄瓜1根、完整的鲜鱿鱼1条。

调味料

白糖15克，盐、白醋、番茄酱各5克，白芝麻3克。

做　法

1. 将黄瓜洗净，从中间剖成4瓣，再切成薄片，加入白糖、盐、白醋，混合均匀后腌制15分钟。
2. 鲜鱿鱼取出内脏，去除须脚，撕掉表面的薄膜，洗净。
3. 锅内加水烧开，将整只鱿鱼放入，大火汆烫3分钟，捞出，放入凉水中备用。
4. 把腌好的黄瓜水分挤干，再调入炒香的白芝麻，拌均匀（黄瓜的水分一定要挤干，否则会影响菜品的形状）。
5. 用小匙将黄瓜填入鱿鱼中，边填边压，直到将黄瓜完全填入其中，并保证充分压实。
6. 将鱿鱼卷切成1厘米的厚度，摆入盘中，食用时配上番茄酱即可。

营养分析

翡翠鱿鱼卷是一道热量很低的菜，荤素搭配又不失营养，红、绿、白三色很吸引眼球，聚会的时候拿来招待亲朋好友应该也不错。

蒜香蛤蜊

适合3岁以上的宝宝

原材料

蛤蜊500克。

调味料

生抽、陈醋、蒜蓉、盐、白糖、米酒、红辣椒、麻油、葱花各适量。

做 法

1. 将蛤蜊用牙刷刷干净，外壳备用；蒜瓣用压蒜器压成蒜蓉；红辣椒切小粒。
2. 锅中加水烧开，倒入蛤蜊；用中小火煮至蛤蜊嘴打开，用筷子逐一将开嘴的蛤蜊取出。
3. 将生抽、陈醋、盐、白糖、米酒、蒜蓉、红辣椒搅拌均匀，下少许的麻油一起搅拌均匀调成酱汁。
4. 沥掉蛤蜊的水分，调入酱汁搅匀，腌泡两小时入味即可。

妈咪妙招

蛤蜊在食用前应先令其吐尽泥沙。可在养蛤蜊的盆中滴入几滴香油，就能很快吐出泥沙。

营养分析

蛤蜊鲜美无比，低热能，高蛋白，对于正在成长和发育的宝宝来说，是不可多得的美味佳肴。再搭配上蒜蓉，可以清热解毒。

吐司花样煎蛋

适合3岁以上的宝宝

原材料

吐司面包1片，鸡蛋1个，黄油1小块（可以用色拉油代替），盐适量。

工 具

五角星模具。

做 法

1. 在案板上铺上保鲜膜，把一片吐司放在保鲜膜上面。
2. 用五角星模具在吐司中间按出一个五角星形状。
3. 鸡蛋加盐，打散备用。
4. 平底锅小火加热，把黄油分成3份，每次融化1份。
5. 黄油融化后，放进一片吐司，煎至金黄后翻面。
6. 往吐司的五角星洞里倒入鸡蛋液，用最小的火慢慢把鸡蛋煎熟即可。

只要手边有模具，吐司刻成什么形状都可以。煎蛋时一定要用最小的火来煎，否则吐司煎焦了，鸡蛋还没有熟。

吐司是全麦制作的，营养非常丰富全面，再加上鸡蛋，外香里嫩，再搭配上牛奶和水果一起食用，用来做早餐或下午小食都是非常不错的选择。

橙意十足

适合3岁以上的宝宝

原材料

橙子1个、鸡蛋1个。

调味料

白糖、枸杞适量。

做 法

1. 将鲜橙洗净，擦干水，切成两半，用匙子挖出橙肉；橙皮做盅。
2. 将鸡蛋打散成蛋液，加入一匙白糖，搅拌均匀；将枸杞洗净，泡在水里。
3. 将橙肉放入榨汁机里打成橙汁，滤出果肉渣，和鸡蛋液一起拌均匀。
4. 再将蛋液过细筛后倒入橙盅里，装至七八分满，盖上一层保鲜膜。
5. 锅内加入水烧开后，放入橙盖，加盖以小火隔水蒸10分钟即可。
6. 蒸好后取出，撕开保鲜膜，再撒上枸杞粒，一上桌就清香四溢，以水果入菜，吃起来酸甜嫩滑，是一道适合夏天常食的甜品。

此菜既有橙子丰富的维生素C，也含有丰富的蛋白质，营养非常全面。

黄瓜拍拍

适合3岁以上的宝宝

原材料

黄瓜200克。

调味料

蒜10克，干红椒5克，香醋、生抽各6克，盐2克，香菜5克。

做 法

1. 黄瓜外皮用牙刷刷净；大蒜剥皮；香菜洗净。
2. 将洗好的黄瓜用刀拍裂后再切成段状；大蒜剁碎；香菜切成小段。
3. 锅烧热加油烧到三成热，将干红椒小炒一会儿捞出。然后把蒜、生抽、盐、香醋、干红椒拌匀做成调味汁。
4. 将调味汁淋在黄瓜上，放入香菜翻拌均匀，腌制30分钟左右即可。

好吃又爽口，含有蛋白质、多种维生素等丰富的营养成分。黄瓜中含有的葫芦素C具有提高宝宝免疫力的功效。

黄瓜拌好后再放入冰箱冰镇半小时，食用时口感更佳。

彩色山药糊

适合3岁以上的宝宝

造型美观，彩椒微甜，山药泥鲜香。

原材料

红、黄、绿椒各1个，山药300克。

调味料

盐、蛋清、水淀粉各适量。

做 法

1. 将三色彩椒分别洗干净，用刀去蒂，剔去籽及内筋，洗净，再切成大小一致的块备用。
2. 将山药洗净，刮去外皮，上笼蒸熟，待凉后捣成泥。
3. 将一个鸡蛋清和适量水淀粉调成糊备用。
4. 将山药泥加少许盐调味。
5. 将三色彩椒的内部都涂上一层蛋清糊，然后再装上山药泥，抹平。
6. 将彩椒再转入蒸锅蒸约6分钟，取出来，淋上少许芡即可。

营养分析

作为高营养食品，山药中含有大量淀粉及蛋白质、B族维生素、维生素C、维生素E等，有助于胃肠的消化吸收，从而强健宝宝的体魄。

妈咪妙招

捣山药泥的时候可以加点牛奶，口感会更细腻。

豇豆棒棒糖

适合3岁以上的宝宝

原材料

长短一致的豇豆6根、竹扦2根。

调味料

大蒜20克，食盐4克，香油适量，鸡精2克，醋5克，生姜10克。

做 法

1. 将豇豆洗干净，放至烧开的水中烫至变色后，捞出，浸在冷水中备用。
2. 大蒜、生姜去皮，全部剁成末。
3. 将冷却好的豇豆捞出，卷成卷，用竹扦串起来，做成棒棒糖的形状。
4. 把醋、食盐、香油、蒜蓉、姜末、鸡精拌成味汁，浇在棒棒糖上腌制入味。

妈咪妙招

烫豇豆的时间不可太久，时间久了就会失去脆嫩的口感。

营养分析

多吃豇豆还能治疗呕吐、打嗝儿等不适。宝宝食积、气胀的时候，用生豇豆适量，细嚼后咽下，可以起到一定的缓解作用。

泡温泉的小狗

适合3岁以上的宝宝

原材料

鸡胸肉2块、土豆1个、胡萝卜100克。

调味料

盐3克、咖喱30克。

做　法

1. 将鸡胸肉、土豆、胡萝卜切成1厘米见方的块。
2. 起油锅，倒少许油烧热，下土豆、胡萝卜一起炒片刻，加入水（水没过所有材料即可）、咖喱炖至土豆熟透，加盐调味后即可装盘。
3. 米饭用保鲜膜包住弄成自己想要的样子，放入盘里就大功告成了。

营养分析

鸡肉不仅味美，而且营养丰富，有滋补养身的作用。土豆含有大量淀粉以及蛋白质、B族维生素、维生素C等，能促进脾胃的消化功能。胡萝卜具有明目、促进代谢的功效。

妈咪妙招

要选用深一点的盘子，汁水也要多一点，才比较像温泉。

香肠焖米饭

适合3岁以上的宝宝

原材料

香肠300克、大米400克。

调味料

香葱1根，酱油10克，香油适量。

做 法

1. 将香肠洗干净；大米淘洗干净；香葱洗干净。
2. 香肠切成薄片；葱切段。
3. 将大米放入电饭煲中，加入适量水，按下“煮饭”键。
4. 煮至开关跳起，打开盖子，加入香肠片、葱末和酱油，盖上盖子，再次按下“煮饭”键，继续加热，电饭锅自动断电后，继续焖制10分钟即可。

妈咪妙招

香肠片放进去之后，不要经常去打开盖子，否则香味容易流失。煮好之后，还可以淋上适量香油，这样蒸出来的饭会更香。

营养分析

这一款香肠焖米饭越嚼越香，可帮助宝宝开胃助食，增进食欲。

海鲜烩饭

适合3岁以上的宝宝

原材料

虾仁、鸡腿墨鱼各30克，胡萝卜、香菇各20克，米饭80克。

调味料

姜5克，盐、胡椒粉各2克，料酒、酱油各5克，白糖3克，水淀粉10克，高汤150克。

做 法

1. 将虾仁洗净，加盐、胡椒粉、料酒腌制；鸡腿去骨，洗净，切丁；墨鱼洗净，切丁；香菇洗净，切小丁；胡萝卜去皮，洗净，切小片；姜去皮，洗净，切末。
2. 锅中加入油烧热，放入姜末炒香，加入胡萝卜煸炒，再放入虾仁、墨鱼丁、鸡腿丁、香菇丁炒片刻，待炒至所有材料变色时，注入适量高汤烧开。
3. 放入墨肉丁，调入盐、白糖、酱油稍煮，以水淀粉勾芡，起锅盛入盘中。
4. 米饭用模具按出心形，摆在旁边即可。

营养分析

虾仁和墨鱼都是高蛋白、低脂肪的滋补食品，营养丰富，肉质松软，易消化，对宝宝来说是极好的食物。

象形小南瓜

适合3岁以上的宝宝

原材料

白糖、糯米粉、澄粉、豆沙馅儿各适量。

做　法

1. 将南瓜去籽，洗净，包上保鲜膜，用微波炉加热10分钟左右（以南瓜肉粉熟为准）。
2. 用匙子挖出南瓜肉，加入糯米粉和澄粉、白糖，和成面团，分成小块，包入豆沙馅儿成饼胚。
3. 锅内注入清油，待油温升至120℃时，把南瓜饼放在漏匙内放入油中，用小火浸炸至南瓜饼膨胀，捞出待油温再升至160℃时下饼，炸至发脆即可。

妈咪妙招

南瓜和糯米粉的比例，以能和成面团为准。

营养分析

南瓜营养丰富，具有保护胃黏膜、帮助消化的作用。南瓜中还含有丰富的锌，能促进宝宝的生长和发育。

刺猬酥

适合3岁以上的宝宝

原材料

面粉200克，酥油40克，糖25克，紫菜少许。

调味料

枣泥馅儿、食用油各适量。

做　法

1. 面粉加酥油混合成为油酥面；面粉中加水揉成面团，静止松弛10分钟。
2. 将面团包裹住油酥面，将其擀成0.2厘米厚度的面皮，表面刷上食用油。
3. 将面片自上而下卷起，分成若干剂，然后逐个包入枣泥馅儿；将包好馅儿的面团收紧扣，滚圆，再将其揉成鹅蛋形。
4. 用剪刀横向剪出小口，用紫菜装饰出刺猬的嘴巴，放入油锅内，炸至面团熟透即可。

内馅儿最好使用稍凝固的馅儿料，这样不容易漏馅儿，因为太软的内馅儿不适合剪刀花。

面粉富含蛋白质、碳水化合物、维生素和钙、铁、磷、钾、镁等矿物质，有养心益肾、健脾厚肠、除热止渴的功效。酥油滋润肠胃、和脾温中，含多种维生素，营养价值颇高。

雪梨仔仔

适合3岁以上的宝宝

原材料

土豆1个，猪肉、鱼肉、香菇各适量，面包糠少许，火腿20克。

调味料

盐少许。

做　法

1. 将土豆去皮，洗净，切成薄片，放入蒸锅蒸至熟后，捞出捣成泥。
2. 再将土豆泥加入适量盐拌匀，压扁做成皮。
3. 猪肉、鱼肉、香菇一起洗净，剁碎，加入盐拌匀成馅儿料，包入土豆皮中，做成梨形。
4. 将火腿切成条，插在梨上，做柄，再撒上面包糠，下油锅烧至金黄色即可。

妈咪妙招

如果土豆不能压成皮，可加适量面粉。

营养分析

此点心以土豆做成，再加上三种馅儿料，营养丰富。

木桶鳕鱼酥

适合3岁以上的宝宝

鳕鱼被称为“餐桌上的营养师”。鳕鱼中含有儿童发育所必需的各种氨基酸，其比值和儿童的需要量非常相近，又容易被人消化吸收，还含有不饱和脂肪酸和钙、磷、铁、B族维生素等。

原材料

鳕鱼150克、紫菜2张、猪油200克、面粉500克、蛋液30克、黑芝麻5克。

调味料

葱、姜汁各5克，料酒8克，盐、鸡精各5克，胡椒粉3克。

做　法

1. 将鳕鱼处理干净，切成厚片，用葱、姜汁、蛋液25克、料酒、胡椒粉、盐、鸡精调味后腌制20分钟。
2. 紫菜切成10厘米见方的片，放入鳕鱼片，将紫菜四角对折包好后反转过来放置备用。
3. 将猪油125克、面粉250克用手掌搓成油酥，另取剩余的猪油、面粉和125克水制成水油酥，将油酥包入水油酥中，擀成薄酥皮，将已包好的紫菜鳕鱼包裹成形，表皮刷上剩余的蛋液，点缀黑芝麻后放入200℃的烤箱内烤10分钟，取出装盘。

原材料

紫米500克，莲子、红枣各适量。

调味料

白糖100克，椰汁适量。

做 法

1. 将紫米放入清水中浸泡一夜，沥水，蒸熟，加入椰汁、白糖搅匀。
2. 莲子对半切开，去芯，入蒸笼蒸熟；红枣去核，对半切块。
3. 把紫米分为若干份，置于编织好的容器中，再放上莲子、红枣，入笼蒸10分钟即可。

客家福满船

适合3岁以上的宝宝

吃起来甜甜的、软软的，很有营养。

紫米富含纯天然营养色素和色氨酸，下水清洗或浸泡会出现掉色现象（营养流失），因此不宜用力搓洗，浸泡后的水随同紫米一起蒸煮食用，不要倒掉。

紫米含有人体需要的多种氨基酸，还有含量很高的铁、钙、锰、锌等多种微量元素以及各种维生素，紫米是自然的黑色食品，与芝麻合用，能起到健脑的作用。

简易比萨

适合3岁以上的宝宝

比萨中含有多种维生素、膳食纤维、矿物质、蛋白质等营养物质，营养成分更易于宝宝吸收，宝宝也爱吃。

原材料

面粉300克，玉米粒30克，鸡蛋2个，番茄1个，青、红椒各1个，洋葱1个。

调味料

沙拉酱15克、盐2克。

做法

1. 将番茄洗干净，择去蒂；青、红椒洗干净；洋葱剥去外皮，洗净。
2. 把番茄切成小片，洋葱切成丝，青、红椒切成细丝。
3. 大火烧热锅，放入油，油热后放入洋葱炒香后放入青、红椒、番茄，中火翻炒一会儿，调入盐装盘里。
4. 面粉中加入适当的水，打鸡蛋和入面粉中，揉面，直到揉至面团光滑、柔软，然后擀成和平底锅底大小合适的面饼，倒入已炒好的洋葱、青椒、红椒、番茄。
5. 将面饼放入微波炉内中高火烧烤3分钟左右，加入沙拉酱即可做出香喷喷的比萨。

香甜糖不甩

适合3岁以上的宝宝

原材料

糯米粉 100克、红薯 200克、白芝麻20克。

调味料

红糖10克。

做　法

1. 将红薯洗净，切片，上蒸锅蒸熟。
2. 蒸熟的红薯冷却后，去皮，加入到糯米粉中。
3. 慢慢搓揉成粉团。取等量的粉团，搓成均匀的小汤圆。锅内烧滚水，放入小汤圆，慢火煮至浮起来后，盛出。
4. 另起锅，加水熬红糖。
5. 糖浆慢慢熬制到微黏稠，放入煮熟的红薯圆子略煮即可捞出。
6. 在煮好的糖不甩中撒上白芝麻即可。

妈咪妙招

可以在煮汤圆的时候用另一个锅熬糖浆，以节约时间。

营养分析

此菜醒胃而不腻，老少咸宜。

泰式雪媚娘

适合3岁以上的宝宝

糯米中含有蛋白质、脂肪、糖类、钙、磷、铁等，营养丰富，为温补强壮食品。因糯米不易消化，所以在制作这道糕点时可以少放些糯米。

原材料

糯米粉、玉米粉、牛奶、白糖、白奶油、淡奶油各适量。

做 法

1. 取适量糯米粉，下入炒锅慢火炒至微黄色，取出备用。
2. 将糯米粉、玉米粉、牛奶、白糖搅成无颗粒的粉浆。
3. 将粉浆放入蒸笼，大火蒸15分钟至熟。
4. 取出稍凉后，加入白奶油揉成光滑的面团，放入冰箱冷藏。
5. 将淡奶油打发放入裱花袋；在料理台上撒上手粉，取出面团分成小块，压平，擀成薄薄的面皮。
6. 将面皮放入浅口容器中，挤出少量淡奶油，然后像包包子一样收口包好即可。

原材料

芋头500克，西米适量。

调味料

白糖、牛奶各适量。

做 法

1. 将芋头去皮蒸熟捣成泥，使其尽量没有颗粒，加入白糖、牛奶搅匀，可加入适量水。
2. 锅内烧水，至水沸时，倒入西米，一边搅拌一边煮，煮至西米呈透明状，捞起沥水。
3. 芋泥取适量搓成圆形，放入锡纸杯里，逐杯倒入适量西米即可。

妈咪妙招

洗芋头时一定要戴手套，因为芋头皮容易引起皮肤过敏。

珍珠香芋球

适合3岁以上的宝宝

营养分析

芋头中富含蛋白质、钙、磷、铁、钾、镁、钠、胡萝卜素、烟酸、维生素C、B族维生素、皂角甙等多种成分，所含的矿物质中，氟的含量较高，具有洁齿防龋、保护牙齿的作用。

五色汤包

适合3岁以上的宝宝

原材料

面粉100克，虾肉、蟹肉、猪肉各50克，猪肉皮冻100克。

调味料

酱油25克，盐3克，香油15克，料酒、菠菜汁、香芋汁、玉米汁、胡萝卜汁各适量。

做 法

1. 将面粉分成五等份，加入水和白糖，其中四份再分别加菠菜汁、香芋汁、玉米汁、胡萝卜汁，捏成四个面团，最后一份捏一个白色面团。
2. 将猪肉、虾肉、蟹肉搅成馅儿，加入酱油、盐、香油、料酒，再加入猪肉皮冻搅碎，放入肉馅中。
3. 将肉馅分别包入各色面团中，捏花，放入蒸笼蒸20分钟即可。

营养分析

可爱的五色汤包富含蛋白质、维生素、胶原蛋白。汤包皮薄如纸，吹弹即破，咬一口就有皮冻制成的卤汁流出，非常受小朋友喜爱。

妈咪妙招

要掌握吃汤包的要领，需要记住四句口诀：轻轻提，慢慢移，先喝汤，再吃皮。

黄金南瓜露

适合3岁以上的宝宝

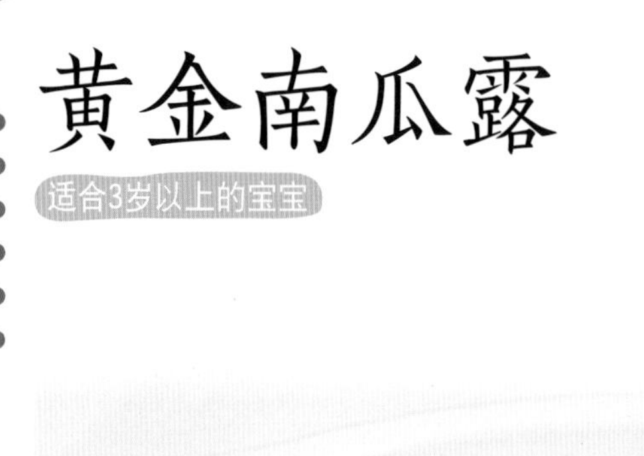

原材料

南瓜500克、莲子100克。

调味料

白糖15克。

做　法

1. 将南瓜去皮、去瓤，洗净，切成小块，再放入蒸锅蒸至熟软。
2. 取出后，用匙子将南瓜块捣成泥状备用；莲子去芯，洗净备用。
3. 再将南瓜泥与白糖拌匀，装入碗中，表面放上莲子，再次上火蒸约20分钟即可。

妈咪妙招

蒸南瓜的时间要视南瓜厚薄而定。老南瓜要多蒸些时间，才能蒸透。判断南瓜蒸透的办法，可以从上面或边上插入筷子，轻松穿透的话，就是熟软了。

营养分析

此款甜品富含膳食纤维，营养丰富，可益智安神。

酸辣牛肉羹

适合3岁以上的宝宝

原材料

牛肉100克，鸡蛋、番茄各1个。

调味料

盐4克，生抽3克，水淀粉适量，葱、香菜各2根。

做 法

1. 将牛肉洗净，切成薄片，加盐、生抽、水淀粉少许，腌制15分钟。
2. 番茄去皮，切成小丁，鸡蛋打散备用；葱切碎。
3. 锅里放油，葱花下锅爆香，再加入番茄丁翻炒，加入盐调味，倒入一大碗水，大火煮出香气。
4. 淋上剩余的水淀粉勾芡，下入腌制好的牛肉片，均匀滑开，再次煮开后，淋上鸡蛋液，出锅前撒点香菜调味。

妈咪妙招

牛肉要尽量切成薄片，因为腌制的时间和煮的时间不宜过长，越薄越容易进味，下锅一滑即熟。

营养分析

此羹可健脾开胃，补充体力。

金沙南瓜

适合4岁以上的宝宝

原材料

南瓜400克、咸蛋黄4个。

调味料

盐3克。

做　法

1. 将南瓜削去皮，切成厚薄均匀的薄片条；咸蛋黄用匙子压碎，加适量白开水和匀。
2. 锅中烧开水，加入少量盐，放入南瓜，煮约八分熟即可捞起，沥去水分。
3. 锅里倒入少许油，蛋黄放进去，拿铲背顺时针推搅，小火炒到起泡，再将南瓜倒进去翻炒，使蛋黄均匀地附着在南瓜上，加入适量盐调味即可。

妈咪妙招

水煮南瓜时加盐是为了让南瓜的甜味更好的释放，所以量一定不要多。咸蛋黄中加点水稀释，不会太干，也便于裹在南瓜外面。

营养分析

南瓜含有淀粉、蛋白质、胡萝卜素、B族维生素、维生素C、钙、磷等成分，具有解毒、保护胃黏膜、帮助消化等功效，宝宝适当地吃，对身体是有益的。

菠萝鸡肉饭盅

适合4岁以上的宝宝

形式可爱，色彩丰富，香甜可口。

原材料

菠萝、鸡腿各1个，剩米饭1/2碗，胡萝卜1/2根，玉米粒少许。

调味料

盐4克，生抽、胡椒粉、淀粉、葱花、姜片各适量。

做　法

1. 将菠萝对切，大的这一半做盅，挖出果肉。
2. 将挖出来的菠萝肉用盐水浸泡1小时，切小块。
3. 鸡腿剔去骨头，切小块，加生抽、胡椒粉、淀粉、少许盐、植物油拌匀，腌制30分钟；米饭打散；胡萝卜去皮，洗净，切丁。
4. 锅里油热后，下入葱花、姜片炝锅，再倒进鸡肉翻炒至变色。
5. 加入胡萝卜、玉米粒翻炒几下，倒入米饭翻炒均匀，倒入菠萝丁，烹入盐，拌匀即可。
6. 将炒好的米饭装入宝宝挖好的菠萝盅中即可。

菠萝中含有大量的维生素、柠檬酸和蛋白酶等。具有解暑止渴、消食止泻之功，夏天吃是最好不过了。鸡肉是优质蛋白质的来源。

美味小汉堡

适合4岁以上的宝宝

颜色鲜艳，营养丰富，层次分明。

原材料

吐司2片，番茄1个，鸡蛋2个，火腿2片，生菜适量。

调味料

番茄酱、盐各适量。

做　法

1. 将吐司的硬边切去，再用圆形模具刻成圆形片。
2. 大番茄去蒂，洗净，切成厚片。
3. 鸡蛋加盐打散备用。
4. 将火腿用圆形模具刻成和吐司一样大小的圆片。
5. 将生菜洗净备用。
6. 将切好的吐司放入烤箱或煎锅，稍加热至表面微黄时取出。
7. 油锅烧热，下入打散的蛋液煎至凝固后取出，也用模具修整成圆片。
8. 将蛋皮、火腿、生菜相叠起来，淋上适量番茄酱。
9. 再盖上一片番茄，最上面盖上吐司，稍用力压紧实即可。

麦当劳里的汉堡深受成人和宝宝的喜爱，可以试着自己动手制作美味的汉堡。自己做成的汉堡又干净卫生，口感也绝对不输给餐厅的汉堡，赶紧自己动手吧！

紫薯芝麻球

适合4岁以上的宝宝

原材料

白芝麻10克，紫薯2个，糯米粉适量，牛奶150克。

调味料

白糖适量。

做　法

1. 将紫薯削去外皮，切成薄片，放入碗中，盖上保鲜膜放入微波炉中，开高火加热15分钟。
2. 捣烂，倒入牛奶拌匀成泥，加入糯米粉、白糖揉成均匀的面团。
3. 将面团分割成小块，然后搓圆成小汤圆。
4. 全部蘸滚上白芝麻。
5. 锅中放油，烧热，放入小麻球炸至表面焦黄，捞出沥油即可。

紫色的麻球一端上桌就会吸引住宝宝的眼球，再加入淡淡的牛奶香味，与紫薯本来的香味混合在一起，既营养又卫生。

妈咪妙招

紫薯和糯米粉的比例一般都以紫薯为准，煮熟的紫薯捣烂后放入容器中，然后加糯米粉，边加边用筷子搅拌，等紫薯不是很烫的时候，下手揉，最后确定糯米粉的量。

煮毛豆

适合5岁以上的宝宝

原材料

毛豆500克。

调味料

八角、花椒、小茴香、姜片、盐各适量。

做　法

1. 将毛豆洗干净，剪去两头。
2. 锅中加水烧开，放入八角、花椒、小茴香、姜片煮出香味，再放入毛豆。
3. 再次烧开后，撇去浮沫，改中火煮10分钟左右，加盐至入味，捞出来即可。

妈咪妙招

喜欢豆子烂一点的，可以适当煮的时间长点；喜欢味道浓的，可以继续浸泡些时间再吃；喜欢脆的，这个时间就可以了。

营养分析

煮毛豆是一道美味可口的菜肴，毛豆中含有丰富的食物纤维，能有效改善宝宝便秘。

多彩蔬菜包

适合5岁以上的宝宝

透明的菜叶包着五彩的蔬菜，颜色和外观上就吸引了不爱吃饭的宝宝，而且里面的蔬菜品种多，含有丰富的维生素C和膳食纤维，可以给宝宝带来均衡的营养。

原材料

包心菜叶3片、胡萝卜、青豆、玉米粒、彩椒、香菇各50克。

调味料

蚝油适量。

做 法

1. 包心菜叶洗净，削掉当中的硬杆部分。
2. 青豆和玉米粒洗净；胡萝卜和彩椒切丁。
3. 包心菜叶在开水里烫熟，捞出泡在凉水里。
4. 锅烧热，放少许油。
5. 放胡萝卜丁炒软，再放青豆和玉米粒炒片刻。
6. 放香菇丁翻炒后加彩椒丁。
7. 放一大匙蚝油，少许水，稍煮，收干水分，出锅。
8. 包心菜叶捞出，沥干水分，平铺在盘子里，放一匙炒好的蔬菜丁，包起来，用开水烫软的葱扎起来即可。

五彩番茄盅

适合5岁以上的宝宝

原材料

番茄2个，玉米1根，青豆、胡萝卜各50克。

调味料

盐3克、鸡精2克。

做　法

1. 将玉米剥成玉米粒，再洗干净，然后用漏匙捞起来，把水沥干后，倒在盘子里。
2. 将青豆倒入锅里，加水没过青豆，加少许盐。水开后，关火，再焖5分钟左右，捞起来备用。
3. 将胡萝卜去皮，切成粒。
4. 锅中加油烧热，烧至微微冒烟时，将准备好的玉米粒、青豆和胡萝卜粒一起倒入锅中，翻炒熟了之后，加盐和鸡精调味即可。
5. 将番茄的蒂去掉，洗干净，削掉顶部的三分之一。
6. 用匙子将内瓤挖掉，然后将炒好的菜倒入做好的番茄盏中。

营养分析

五彩番茄盅一定会让宝宝爱不释手，尝一尝，味道也很棒：好看、好吃，还营养哦！

火腿饭团

适合5岁以上的宝宝

原材料

米饭1碗，火腿片、生菜各2片。

做 法

1. 将火腿和生菜切成长方形的片。
2. 海苔切成两厘米宽的长条。
3. 取一小团饭先用生菜卷起来，再卷上火腿片，最后外面绕上海苔条即可。

营养分析

火腿和海苔可以健脾开胃，加上米饭，可以补充能量。

火腿可以先腌一下，再煎熟，会更入味。

红火龙年虾

适合6岁以上的宝宝

原材料

虾仁50克，火龙果1/2个，西芹3根，胡萝卜1/2根，彩椒、熟腰果各适量。

调味料

盐4克，鸡精2克，料酒、水淀粉、胡椒粉各适量。

做　法

1. 将火龙果一剖为二，用匙子把果肉挖下来，切成丁，壳留着做盛器。
2. 胡萝卜、西芹切成大小一致的丁，放入沸水中氽水后控干水分备用；虾仁洗净备用。
3. 锅中多放些油烧热后，倒入胡萝卜丁、西芹丁翻炒。
4. 炒几下后，倒入虾仁及火龙果丁一同小心地再翻炒，调入盐、鸡精拌匀后，倒入水淀粉勾芡至合适的黏稠度，出锅前倒入炸好的腰果拌匀，盛入火龙果容器中即可。

水果与海鲜的别致造型，为餐桌上增色不少。

营养分析

火龙果不但味道堪称一绝，而且对宝宝健康有绝佳的食疗功效。它含有一般植物少有的植物性白蛋白及花青素、丰富的维生素和水溶性膳食纤维。对胃壁有保护作用 ，还有润肠的功效。

椒盐玉米

适合6岁以上的宝宝

原材料

玉米1根。

调味料

椒盐、辣椒粉各适量。

做 法

1. 将玉米洗干净，用刀劈成几段。
2. 油锅烧热，倒入玉米不停地翻炒，约10分钟。
3. 至表面有小黑点时，转小火，焖几分钟，撒下椒盐、辣椒粉炒匀即可出锅。

营养分析

玉米中含有大量的营养保健物质，除了含有碳水化合物、蛋白质、脂肪、胡萝卜素外，还含有核黄素等营养物质。

妈咪妙招

将花椒先用微火炒至用手可捏碎为止，然后用擀面杖将其碾碎，和盐同炒，这是椒盐的制作方法。

附录

0～6岁宝宝身长、体重参照表

月龄	体重（单位：kg）		身高（单位：cm）	
	男	女	男	女
1个月	3.6～5.0	2.7～3.6	48.2～52.8	47.7～52.0
2个月	4.3～6.0	3.4～4.5	52.1～57.0	51.2～55.8
3个月	5.0～6.9	4.0～5.4	55.5～60.7	54.4～59.2
4个月	5.7～7.6	4.7～6.2	58.5～63.7	57.1～59.5
5个月	6.3～8.2	5.3～6.9	61.0～66.4	59.4～64.5
6个月	6.9～8.8	6.3～8.1	65.1～70.5	63.3～68.6
8个月	7.8～9.8	7.2～9.1	68.3～73.6	66.4～71.8
10个月	8.6～10.6	7.9～9.9	71.0～76.3	69.0～74.5
12个月	9.1～11.3	8.5～10.6	73.4～78.8	71.5～77.1
15个月	9.8～12.0	9.1～11.3	76.6～82.3	74.8～80.7
18个月	10.3～12.7	9.7～12.0	79.4～85.4	77.9～84.0
21个月	10.8～13.3	10.2～12.6	81.9～88.4	80.6～87.0
2岁	11.2～14.0	10.6～13.2	84.3～91.0	83.3～89.8
2.5岁	12.1～15.3	11.7～14.7	88.9～95.8	87.9～94.7
3岁	13.0～16.4	12.6～16.1	91.1～98.7	90.2～98.1
3.5岁	13.9～17.6	13.5～17.2	95.0～103.1	94.0～101.8
4岁	14.8～18.7	14.3～18.3	98.7～107.2	97.6～105.7
4.5岁	15.7～19.9	15.0～19.4	102.1～111.0	100.9～109.3
5岁	16.6～21.1	15.7～20.4	105.3～114.5	104.0～112.8
5.5岁	17.4～22.3	16.5～21.6	108.4～117.8	106.9～116.2
6岁	18.4～23.6	17.3～22.9	111.2～121.0	109.7～119.6

易导致宝宝过敏的食物一览表

由于宝宝特殊的体质，对于一些食物是很容易发生过敏反应的。在众多的食物中，最易导致过敏的食物在下表中列出，妈妈一定要注意安全喂养。

食物名称	过敏原因	预防措施
牛奶或奶粉	牛奶或奶粉过敏主要是牛奶蛋白过敏，即牛奶里的大分子蛋白过敏。每当接触到大的蛋白质分子，宝宝身体就会发生不适症状	对于有过敏家族史的宝宝，要坚持母乳喂养。初次喂食最好加少量母乳一起喂，若无过敏症状，再逐渐增加
鸡蛋清	太小的宝宝不能分解鸡蛋中的蛋白质，因此容易发生过敏反应。而鸡蛋中的蛋白却比蛋黄更容易引起过敏	如果只给宝宝吃蛋黄而不吃蛋白，会起到既营养又不过敏的效果，所以宝宝开始吃固体食物的时候，最好先添加蛋黄，1岁以后再尝试吃全蛋
花生	花生是重要的食物过敏原，会引起极其罕见的严重的过敏症。花生过敏的症状包括：血压降低、面部和喉咙肿胀、哮喘、呼吸困难、过敏性休克	避免花生类的食品，如花生奶油、花生酱、花生油、花生糖、酥皮花生等，并让其他人也知道宝宝过敏的情况
海鲜	海鲜是指来自海洋的鱼、虾、蟹、贝壳类等动物性食物，含有相当多的蛋白质，营养丰富，但也是容易引起过敏的食物	海鲜最好在宝宝18个月以后开始添加，添加时要少量单项进行添加；确认宝宝不过敏后，再增加分量或添加新辅食
菠萝	由于菠萝内含有消化蛋白质作用的菠萝蛋白酶，这种酶可使胃肠黏膜的通透性增加，胃肠内大分子异体蛋白质得以渗入血流，加上人体感受性差异，导致宝宝过敏反应	不宜太早给宝宝添加菠萝，在宝宝辅食添加顺序中，最好将菠萝排在其他水果的后面

各阶段宝宝适应食物的大小一览表

宝宝从出生至3岁，在饮食上是特别需要注意的，妈妈要根据宝宝的月龄及具体情况，给予适当的食物。尤其要注意所吃食物的形状变化，以此来增强宝宝的咀嚼及消化能力，让宝宝长得更壮。

年龄 食材	4~6个月	7~12个月	1~2岁	2~3岁
大米	先浸泡，再磨成粉，加开水拌成汤状	米粉加水拌成黏稠状喂食	大米加水煮成稠粥喂食	可以吃和成人一样的米饭
鸡蛋	鸡蛋煮熟，取1/4量的蛋黄碾成泥喂食	蛋黄量可从1~1.5个递增，蛋清需测试有无过敏，再喂食	蛋黄和蛋清可以同时食用。做法不拘限于整蛋，可蒸、可炒、可煎	可吃完整的鸡蛋，但不可食用过多，以一日1个为宜
土豆	可去皮煮熟后，再捣成泥喂食	切成极小的丁，烹饪后喂食	可切成5~7毫米见方的块，烹饪后喂食	可切成薄片、细条或小块煮食后喂食
胡萝卜	洗净后，用磨泥器磨成泥，汁和泥可以一起喂食	切成细小的颗粒，烹饪后喂食	可切成5~7毫米或更大的块，烹饪后喂食	可切片、切丁、切条，煮熟后喂食

续表

食材＼年龄	4～6个月	7～12个月	1～2岁	2～3岁
菠菜	先洗净，煮熟后，再用磨泥器磨成泥，滤取汁液喂食	煮熟后，切成极细的丝，烹饪后喂食	煮熟后，切成约4毫米长的段，烹饪后喂食	煮熟后，切成7毫米长的段，烹饪后喂食
苹果	可用磨泥器磨成泥或用匙子刮成泥再喂食	可继续食用泥糊状，10个月后可切成小丁食用	可切成约5毫米的小丁喂食	可切成条、片状，或整个食用
西蓝花	洗净后，取花冠部分用磨泥器磨成泥，再煮熟喂食	取花冠部分洗净，煮熟后切碎喂食	取花冠部分洗净，切成5～8毫米的块，烹饪后喂食	取花冠部分洗净，切成稍大一点的块，烹饪后喂食
鸡肝	洗净后，煮熟去皮，再捣成泥喂食	煮熟后，切成极细的粒，加入粥中喂食	可切成3～5毫米的小粒，烹饪后喂食	可切成片、丁状，烹饪后喂食
鸡脯肉	煮熟后，去血水，剁成泥状喂食	煮熟后，剁成碎末状，10个月后可撕成细丝喂食	可切成丁状，烹饪后喂食	可切成片、丁等形状，可炒、可蒸，烹饪后喂食
牛肉	切片后，煮熟，再剁成泥状喂食	切片后，煮熟，剁成细末状，加入粥中喂食	可切成小丁或薄片，烹饪后喂食	可切成小块或片，用多种烹饪方法烹饪后喂食

宝宝所需的营养素及来源

名称	作用	来源
蛋白质	维持生长和发育，提升免疫机能，合成红细胞	奶、蛋、鱼、肉、豆类
维生素A	促进牙齿与骨骼正常生长，维持上皮组织正常，抵抗感染，改善眼睛干涩，使眼睛适应光线的变化	肝脏、蛋黄、乳类、深绿色及红、黄色蔬果
维生素B_1	增进糖类代谢，使注意力集中，增强记忆力与活力，缺乏时易焦躁、失眠	蛋黄、肉类、肝脏、全谷类、乳类
维生素B_2	产生能量，缺乏时引发口角炎、脂溢性皮肤炎、眼睛畏光与发痒	乳类、肝脏、酵母
维生素B_6	帮助红细胞与蛋白质正常代谢，缺乏时易贫血抽筋	全麦制品、小麦胚芽、猪肝
维生素B_{12}	促进正常生长，代谢糖类与脂肪，缺乏时易疲劳，记忆力减退与消化不良	贝类、肝脏、鱼类、瘦肉、藻类、啤酒酵母
维生素C	形成骨骼与牙齿生长所需的胶原，促进伤口愈合，提升免疫力，帮助铁的吸收、代谢，预防贫血	柑橘类水果、深绿色蔬菜、草莓、甜椒、番茄、番石榴、猕猴桃、木瓜、杧果
维生素D	促进钙、磷的吸收与利用，帮助骨骼钙化与正常发育	香菇、鱼肝油、蛋黄、鱼类、肝脏、乳类
维生素E	参与细胞膜抗氧化作用，防止溶血性贫血，维持细胞完整性、促进正常凝血、改善运动机能	植物油、小麦胚芽、大豆食品、全谷类
维生素K	血液凝固所需营养素	植物油、深绿色蔬菜
叶酸	帮助制造细胞，预防贫血与生长迟缓，有助消除焦虑	深绿色蔬菜、豆类、肝脏、瘦肉

续表

名　称	作　用	来　源
泛酸	有助抗体形成，代谢脂肪、糖类与蛋白质	肝脏、鱼肉、瘦肉、蛋、牛奶、乳酪(但易随着加工的过程而逐渐流失)
烟碱酸	促进血液循环，提高记忆力，消除疲劳，帮助睡眠	肝脏、酵母、糙米、全谷类、乳类、蛋、瘦肉
钙	促进宝宝正常生长和发育，稳定情绪，促进睡眠	乳类、鱼类、海带、深绿色蔬菜、豆类及其制品
磷	构成骨骼与牙齿	酵母粉、小麦胚芽
铁	强化免疫机能，负责血液带氧功能	蛋黄、肝脏、燕麦、乳类、海藻类
镁	构成骨骼的主要成分，能稳定情绪，帮助钙质吸收	深绿色蔬菜、五谷类、坚果类、瘦肉、乳类、牡蛎、海苔、豆类
锰	预防骨质疏松，提升免疫力，维持中枢神经运作及脑部机能	蔬菜、水果、全谷类、豆类
锌	强化免疫机能，帮助生殖器发育与伤口愈合	海鲜、肉类、肝脏、生姜、小麦胚芽、酵母、核果类
铜	帮助骨骼与红细胞的形成，促进伤口愈合	肝脏、贝类、全麦食品、瘦肉、蘑菇、杏仁、豆类
钴	是维生素B_{12}的组成成分，与维生素B_{12}一起帮助红细胞的形成	肝脏、肉类、贝类、海带、紫菜
钾	维持细胞正常含水量及正常血压，参与神经传导，正常肌肉反应	海带、紫菜、豆类、乳类、水果
DHA	大脑皮质及视网膜的主要物质，使脑细胞更活泼，提高学习与记忆能力，增进视力，提高免疫力	鱼油
卵磷脂	构成细胞膜的主要物质，可保护细胞免于氧化伤害，有助于脂溶性维生素的吸收	豆类及其制品、蛋黄、内脏、全麦食品